U0112094

干气密封动力学

丁雪兴　张伟政　俞树荣　韩明君　翟霄　著

机械工业出版社

本书共分五章，在介绍螺旋槽干气密封基本理论的基础上分别从基于滑移边界的螺旋槽干气密封流场的计算及其优化、基于热力耦合变形的干气密封流场的计算及其优化、气膜密封环系统振动响应及稳定性分析、螺旋槽干气密封特性参数的试验研究这四个方面，探讨了螺旋槽干气密封动力学行为。其中，重点对螺旋槽干气密封微尺度气膜流场及其振动特性进行了理论分析和试验研究，揭示了滑移边界条件下热力耦合变形密封环间气膜的压力、速度和温度分布规律，并利用 Floquet 指数方法研究了气膜密封环系统分岔问题，探寻了振动失稳的螺旋角范围。希望本书的内容能为干气密封优化设计及其可靠性运行奠定理论基础。

本书可供润滑与密封及其相关专业的技术人员及高等院校相关专业的师生阅读参考。

图书在版编目（CIP）数据

干气密封动力学/丁雪兴等著. —北京：机械工业出版社，2015.8
ISBN 978 - 7 - 111 - 53846 - 2

Ⅰ.①干…　Ⅱ.①丁…　Ⅲ.①气体密封 - 气体动力学
Ⅳ.①TB42

中国版本图书馆 CIP 数据核字（2016）第 113611 号

机械工业出版社（北京市百万庄大街 22 号　邮政编码 100037）
策划编辑：沈　红　责任编辑：沈　红
版式设计：霍永明　责任校对：陈秀丽
责任印制：常天培
北京京丰印刷厂印刷
2016 年 7 月第 1 版·第 1 次印刷
169mm×239mm·9.75 印张·2 插页·179 千字
0 001—2 000 册
标准书号：ISBN 978 - 7 - 111 - 53846 - 2
定价：59.00 元

序

干气密封是一种新型的非接触式机械密封，这种密封采用气体作为密封介质，并利用流体动力学原理，通过在密封面上开设动压槽而实现密封端面的非接触运行。相对于传统的接触式机械密封，干气密封具有磨损小、功耗低等优点，特别适用于高速机械的轴端密封，因而广泛应用于旋转机械（涡轮压缩机、泵、膨胀机等）的密封装置中。

干气密封的研究是多学科的综合研究，内容涉及热力学、流体力学、材料力学、机械设计、摩擦学、润滑与密封、非线性动力学等诸多学科，干气密封内部气体流动气膜的平衡间隙尺度为微米级（也称微尺度，典型值为 3 ~ 6μm）。显然，间隙微小变化极有可能导致动静密封环间的干摩擦或泄漏量增大，因而保证气膜稳定性是干气密封可靠运行的关键。而气体端面密封的稳定性和可靠性与其动力学特性密切相关，故其动力学特性一直是国内外研究的热点和难点。

本书作者从 2004 年开始一直从事干气密封的研究、开发和应用。先后完成了国家自然科学基金项目 2 项、高等学校博士学科点专项科研基金 1 项、省部级科研项目 9 项，并获甘肃省高校科技进步三等奖 2 项、兰州市科技进步二等奖 1 项。已在《机械工程学报》《工程力学》《化工学报》等期刊上发表学术论文 50 余篇，其中 EI 收录 20 余篇。其创新性成果主要体现在以下三个方面：①基于速度滑移边界条件的螺旋槽干气密封微尺度流场计算。即从 N-S 方程出发，基于微尺度流动中的滑移边界条件，推导了螺旋槽内稳态微尺度流动场的非线性雷诺方程；并应用 PH 线性化方法、复函数法和小参数迭代法进行求解，近似求得了螺旋槽内气体动压分布的解析解。②干气密封热弹变形下的流场计算。即引入微尺度流动的温度阶跃边界条件，进而利用气膜的压力、速度和有热耗散能量方程，通过数值计算得到气膜的温度分布；再由温度分布得到密封环内的热弹变形量，进而求出气膜厚度和泄漏量。③气膜密封环流固耦合非线性系统振动响应及失稳分析。即建立轴向、角向振动下系统流固耦合动力学模型，求解振动方程，进而分析失稳点振动非线性动力学行为；利用数值算法找到失稳点域，并在特定的螺旋槽结构参数范围内发现了混沌运动，通过选择合理的螺旋槽结构参数进行控制混沌；同时在无外激励情况下，通过求 Floquet 指数讨论了系统分岔问题，并分析了螺旋角对系统稳定性的影响，以及给出了使干气密封系统稳定运行的螺旋角范围。

该书内容新颖、结构严谨、系统完整、科学性强，着重解决"微尺度热流体力学"及"流固耦合非线性振动"两个关键的问题。该书的出版将有助于开阔干气密封设计制造工作者和相关研究生的视野，促进干气密封技术的开发和应用，提高我国在干气密封自主研发和应用领域的竞争力。

我作为流体密封技术的研究者，谨对此书的出版表示最热烈的祝贺，并很高兴地将其推荐给相关的科技工作者、教师和研究生。

李鲲

2015. 12. 25

前　言

近年来，随着密封技术的不断发展和完善，出现了一种被称为干式气体密封（干气密封）的新型轴端密封。它解决了多年来机械密封一直不能干运转的难题。这种密封采用气体作为密封介质，是一种非接触式新型轴端密封。相对于传统的接触式机械密封，这种密封具有以下优点：运行无磨损，功耗小；泄漏量小，可实现零泄漏或者零逸出。越来越多的泵、压缩机、膨胀机和汽轮机等旋转机械采用了此类密封。干气密封技术源于国外，且我国的干气密封产品长期以来主要依赖进口。干气密封技术的研究及产品的开发在我国尚处于起步阶段，也还未建立起一套完整的干气密封产品设计、开发以及制造体系。因此，开展干气密封技术的研究对于提高我国密封技术的整体水平，具有重要的现实意义。

干气密封运转时，其内部气体流动的尺度为微米级，一般也称微尺度。由于没有相应的微尺度下的流动计算方法，依照经验设计的不可靠性很大，不良的设计常常导致干摩擦或泄漏量超标等诸多问题随着尺寸的微小化，在宏观流动中可忽略的一些影响因素变得重要起来，由于尺度效应、表面效应等因素的影响，微小槽道中的流动呈现出一些与宏观流动不同的现象。为此，本书在编写过程中力求体现如下特点：将微尺度流体力学及非线性动力学应用于螺旋槽干气密封内部气体流动场中，揭示影响微尺度下流动的内部因素，并根据此理论进行螺旋槽干气密封的优化设计。

本书主要内容汇集了国家自然科学基金、高等学校博士基金、甘肃省自然科学基金等资助项目的研究成果，重点对螺旋槽干气密封微尺度气膜流场及其振动特性进行了理论分析和试验研究，揭示了滑移边界条件下热力耦合变形密封环间气膜的压力、速度和温度分布规律，研究了气膜密封环系统分岔问题，探寻了振动失稳的结构参数范围。

近年来，我们的研究成果得到了润滑和密封界的广泛关注，常常有国内外的同行和企业技术人员向我们索要有关论文或试验数据，也有一些国内密封企业上门咨询。为了总结我们的研究工作，便于与密封同行的交流，同时为研究生提供一本干气密封动力学研究的参考教材，我们决定整理出版本书。

本书由丁雪兴、张伟政、俞树荣、韩明君、翟霄著。

衷心感谢中国液压气动密封件工业协会副理事长、中国机械工业学会流体工程分会密封专业委员会主任、合肥通用机械研究院副院长李鲲教授，在百忙中为本书作序。

衷心感谢成都一通密封股份有限公司和湖北天力敏科技有限公司为著者的研究提供了干气密封性能试验帮助。

衷心感谢著者的研究生做了大量的文字输入、整理和插图等工作。

本书如有不妥之处，敬请读者批评指正。

著者

2016 年 3 月于兰州

目 录

第1章 螺旋槽干气密封的基本理论

1.1 工作原理、特点及应用

螺旋槽干气密封结构主要由加载弹簧、O形圈、静环及动环等零件组成（图1-1）。静环和加载弹簧被安装在静环座中，并依靠O形圈进行二次密封。静环一般用较软的、有自润滑作用的材料如石墨制造，在加载弹簧载荷和静环座导向的作用下，可沿轴向自由移动。动环依靠轴套固定在旋转轴上并随轴旋转。动环采用硬度高、刚性好且耐磨的材料如碳化钨、碳化硅制造。螺旋槽干气密封结构的特别之处是在动环表面加工出一系列螺旋状沟槽，深度一般为 $2.5 \sim 10\,\mu m$（图1-2）。

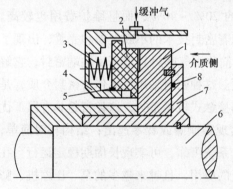

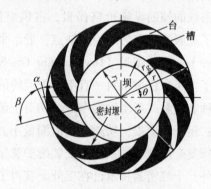

图1-1 螺旋槽干气密封结构

1—动环 2—静环 3—加载弹簧 4—静环座
5、8—O形圈 6—转轴 7—轴套

图1-2 动环表面的螺旋槽结构

缓冲气体（可以是经过滤后的压缩机出口排出的气、氮气或惰性气体）注入密封装置，动、静环在流体静压力和弹簧力的作用下保持贴合，起到密封的作用。当动环旋转时将被密封气体切向吸入（泵吸作用）槽内，气体沿槽向槽根部运动。由于受到密封堰的阻碍，气体做减速流动并被逐渐压缩（图1-3）。在此过程中，气体的压力升高，即产生了流体动压力。当压力达到一定数值时，具有挠性支承的静环被从动环表面推开，这样密封面之间始终保持一层极薄的气膜（厚度 $3 \sim 5\,\mu m$）。密封面之间所形成的气膜一方面能有效地使端面分开，保持非接触状态；

另一方面又使相对运动的两端面得到冷却。同时，密封面间极小的气膜间隙能有效地将泄漏控制在最低的水平。

目前，离心压缩机中应用最为广泛的密封是浮环密封和机械密封。这两种密封的共同点在于需要一套复杂而庞大的密封油系统以维持密封。这种采用液体（油）作为隔离流体的密封，称为湿式密封。其基本原理是通过使用比被密封气体压力高的高压

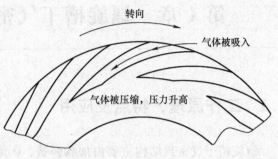

图 1-3　螺旋槽干气密封工作原理

油来封住气体。高压油与气体的压差会使密封油进入工艺气体，并可能使密封油进入环境，从而导致工艺气体和环境的污染。同时，由于密封油系统的零部件较多，其可靠性较低、故障率较高。据统计，离心压缩机的失效原因中，润滑和密封系统的故障占 55% ~ 65%，起动故障中密封油系统故障率高达 90%。另外，这种密封油系统的辅助设施价格昂贵，占机组价格的 20% ~ 40%，而且维护费用也较高。为了克服湿式密封的上述缺点，近年来，随着密封技术的不断发展和完善，出现了一种干式气体密封（Dry Running Gas Seal，简称干气密封）的新型轴端密封，它解决了多年来机械密封一直不能干运转的难题。这种密封采用气体作为密封介质，是一种非接触式新型轴端密封。相对于传统的接触式机械密封，这类密封具有以下优点：运行无磨损，功耗小；泄漏量小，可实现零泄漏或者零逸出；结构相对简单，无须复杂的密封油系统，安装维护费用低；系统可靠，可实现长周期稳定运行。在国外，干气密封技术已在工业上获得了广泛的应用，且越来越多的泵、压缩机、膨胀机和汽轮机等旋转机械采用了此类密封。

螺旋槽干气密封相对其他动密封而言，其优点非常明显。目前其主要缺点是价格较高，而且由于动环通常为碳化硅等脆性材料，容易碎裂，修复难度大。表 1-1列出了干气密封与部分动密封的优缺点。

表 1-1　干气密封与部分动密封的优缺点

密封形式	优　点	缺　点
迷宫密封	a) 非接触式，寿命长 b) 结构简单 c) 采用抽气式或充气式，可密封危险性气体	a) 泄漏量大，运行维护费用高 b) 有污染环境的危险 c) 抽气方案不易制定，抽气强度不好控制，充蒸汽会加剧中间冷却器的腐蚀

（续）

密封形式	优　点	缺　点
浮环密封	a）非接触式，寿命长 b）转速和压力适用范围广	a）密封油内漏量大 b）密封油系统复杂，占地面积大，运行维护费用高 c）密封油易污染工艺回路
机械密封	a）内泄漏较小，系统简单 b）油气压差大，控制较容易	a）阻封气体消耗量大 b）存在内泄漏污染工艺回路的危险 c）属接触式密封，极限转速受限制
干气密封	a）非接触式，寿命长，可靠性高 b）无污染，不需密封油系统 c）功率消耗低 d）可用于高压高速场合	a）密封价格贵，供货周期长 b）一旦出现事故，损坏通常比较严重，动环容易碎裂，修复难度大

1.2　力学模型与受力分析

以静环为研究对象，对图 1-1 所示的螺旋槽干气密封结构做受力分析。

1）压缩机在停止运转时，作用于密封副上的力只有流体静压力。静环受两个方向的力，如图 1-4 所示。一个是使密封面闭合的闭合力 F_C，它由弹簧力 p_{sp} 和静环后面被密封介质压力 p_1 及背压 p_2 引起的力组成。其中 A 为密封面面积。另一个是使密封面开启的开启力 F_O，它由作用在密封面上的流体静压力引起。此时开启力小于闭合力，静环端面和动环端面贴合，起到静态密封作用。

$$F_C = p_{sp}A + p_1 A_1 + p_2 A_2$$

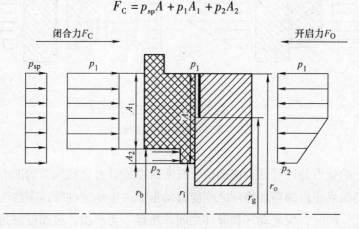

图 1-4　流体静压力分布

2）在正常运转条件下，静环仍受到这两个方向的力。闭合力由弹簧力 p_{sp} 和静环后面被密封介质压力 p_1 及背压 p_2 引起的力组成。开启力则由作用在密封端面上的流体静压力和流体动压力引起，如图 1-5 所示。当闭合力与开启力相等，即 $F_C = F_O$ 时，密封处于平衡工作状态，动环与静环之间形成一层稳定的气膜。

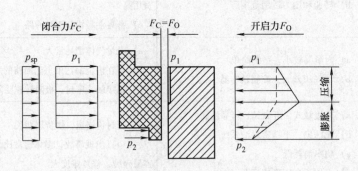

图 1-5　正常运转时气膜的压力分布

3）当受到外来干扰时，可能导致密封面之间的间隙改变。当间隙减小时，由气膜产生的开启力显著增加，此时 $F_C < F_O$，密封间隙将增大，从而使密封面受力很快恢复到平衡位置，如图 1-6a 所示。同样的，如果扰动使得密封面之间的间隙增大，由气膜产生的开启力减小，此时 $F_C > F_O$，密封间隙将减小，密封面受力也会很快恢复到平衡位置，如图 1-6b 所示。

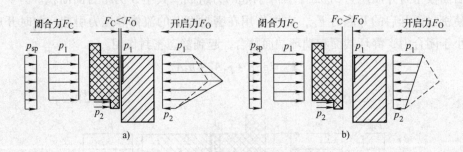

图 1-6　间隙变化时气膜压力的分布
a）间隙减小时　b）间隙增大时

由以上的受力分析可见，螺旋槽干气密封系统具有自我调节的能力，而且这种自我调节的结果使得动环和静环之间能自动形成一个稳定的带压刚性气膜，从而起到密封作用。同时，保证动环和静环之间非接触、无磨损，进而使密封具有较长的工作寿命。

1.3 结构、材料和参数

1.3.1 典型结构类型

螺旋槽干气密封设计和选用的依据主要是气体成分、气体压力、工艺状况和安全性要求等。在实际应用中，其主要有三种布置形式为单端面密封结构、串联密封结构和双端面密封结构。

1）单端面密封结构又称单级密封，主要用于中、低压条件下，以及允许少量工艺气体泄漏到大气环境中的场合；一般用于无毒气体，如 N_2、CO_2 和空气等。其运行的极限条件为：密封压力 2.76MPa，温度 260℃，线速度 152m/s。单级密封的布置形式如图 1-7 所示。

2）串联式干气密封是应用最普遍的一种结构型式，如图 1-8 所示。串联式干气密封由两级或更多级单级密封按照相同的方向首尾相连，且每级密封分担部分载荷。通常情况下采用两级结构，即第一级（主密封）承担全部载荷，第二级（二级密封）作为备用密封，它基本不承受压降。当主密封受损时，二级密封即起作用。在压力很高的场合，可采用三级串联式密封，其

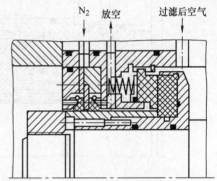

图 1-7 单端面密封

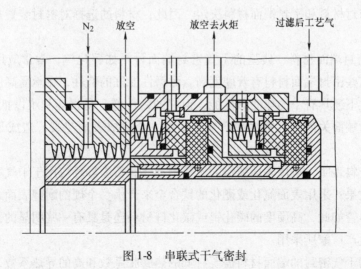

图 1-8 串联式干气密封

中前两级密封分担总的负荷，第三级作为备用密封。串联式干气密封可用于烃类气体场合，其运行的极限条件为：密封压力 8.27MPa，温度 260℃，线速度 152m/s。

3）双端面密封。如果处理的介质是有毒的或有危险的气体，是不允许介质泄漏到大气中的。此时，可用两密封面相反安装的双端面密封，该密封包括两个静环和一个动环，如图 1-9 所示。在两密封面间有惰性气体或者氮气作为缓冲气，缓冲气的压力总是维持在比被密封介质压力高的水平，即使得气体泄漏的方向朝着工艺介质侧，这就保证了工艺气体不会向大气中泄漏。双端面密封主要用于介质为有毒、易燃易爆的气体场合及不允许有污染的食品加工和医药加工过程。

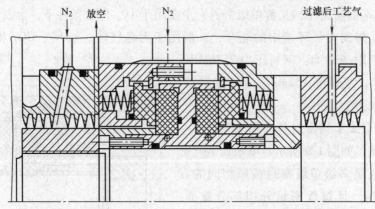

图 1-9　双端面密封

1.3.2　主要零部件材料

螺旋槽干气密封的操作极限与密封组件的许用载荷有关，温度和压力极限由所用的辅助密封材料和密封端面材料决定。因此，材料的选择对密封装置长期可靠运行十分重要。

（1）密封端面材料　典型的干气密封端面材料如碳化钨，常常应用于离心压缩机上。这些密封端面材料有着硬度高、耐磨性能好的特性，在承受高压和大的离心力的情况下还具有小的热变形性能，但它的韧性低，易损坏和难以抵抗热冲击。当干气密封端面关闭时，密封端产生干摩擦，会造成表面热裂，造成干气密封失效。

相关资料表明，采用表面镀铬的不锈钢动环和石墨静环应用于干气密封上取得了很好的效果；采用表面氮化或硼化的铁合金来产生一个硬的耐磨表面来取代碳化钨材料。尽管如此，高硬度的碳化钨或碳化硅材料还是具有一些明显的优点，并被许多密封生产厂家所采用。

螺旋槽干气密封的端面材料需要有低的热膨胀系数和高的导热系数，这样可以有较好的热传导,从而降低动、静环的热变形。为了减小端面的压力变形,需要其材料有高弹性模量和强度系数。同时,由于压缩机起、停过程中密封副必然会产生接触,因此密封副材料还需要有较好的耐磨性能。常用材料的物理特性见表1-2[1,2]。

表1-2　端面材料的物理特性

性能参数 材料	密度/ (kg/dm³)	导热系数/ [W/(m·℃)]	热膨胀系数/ 10⁻⁶℃	弹性模量/ GPa	抗压强度/ MPa	硬度 HRA
浸锑石墨	2~2.5	0.8	4	20~40	500	20
SiC	3.17	12	4.5	450	1034	140
TiC	4.5	30	7	379	900	92
WC-Ni	14.5	18	6	600	1100	89
WC-Co	14.5	20	5.5	400~530	1000	90
Si₃N₄	3.26	4	3.28	220~320	1200	85

动环材料一般选择碳化钨或碳化硅,其优点是变形小、导热系数高、自润滑性能好和硬度高;静环材料常采用浸锑石墨。动、静环配对材料情况及优缺点见表1-3。

表1-3　动、静环配对材料情况及优缺点

材料组合	静环	动环	优、缺点
软/硬	浸锑石墨	WC-Co	耐冲击性强,硬度略低
软/硬	浸锑石墨	WC-Ni	耐腐蚀性强,硬度略低
软/硬	浸锑石墨	SiC	耐腐蚀性强,比较脆

随着工业的发展,对机械设备性能的要求越来越高,工况条件可能是高压、高速、高温等,而被密封的介质又可能具有强腐蚀性或者含有磨料颗粒等,在这些情况下,碳化钨硬质合金就不是理想的密封材料了。高性能参数的工况条件给干气密封的研制提出了新的要求,尤其是摩擦副硬质材料的质量应达到更高的标准,如耐磨损性、耐腐蚀性、机械强度、耐热性、自润滑性、气密性、可加工性优良与之配对的材料无过大磨损和电化学腐蚀等。而SiC陶瓷几乎满足了上述的所有要求,是近年开发并投入使用的新的硬质密封材料,在化工、炼油、造纸、汽车、原子能、航空、航天等行业的干气密封中,被越来越多地选为摩擦副材料。可以说,为适应机械密封的发展,新的密封材料会不断地被开发。

(2)辅助密封材料　辅助密封材料指的是除动、静环配合密封部分以外的其余软性密封材料,主要为O形圈。对于辅助密封材料最重要的特性是温度极限、挤压特性和与压力相关的气吸现象。在气吸的环境下，密封腔的压力突然下降将导致 O 形圈的变形。为了消除气吸的损害，压力下降率应低于 2MPa/min。表 1-4 为 O 形圈的选择示例。

表 1-4　辅助密封材料的选择

压力/MPa	温度/°C	O 形圈材料	邵氏硬度 Shore A	应用场合
$p \leqslant 30$	$-20 \sim 150$	标准氟橡胶	75	富气、循环氢、CO_2、空气、N_2 等
$30 < p < 120$	$-20 \sim 150$	氟橡胶	90	富气、循环氢天然气
	$-20 \sim 250$	全氟橡胶	$70 \sim 90$	高腐蚀、高温气体
$p \geqslant 120$	$-20 \sim 135$	高级丁腈橡胶	75	乙烯

（3）构件材料　壳体、轴套和压盖等构件的材料一般采用不锈钢。当介质为潮湿且呈酸性气体如硫化氢气体时，金属材料的最大洛氏硬度应控制在大于或等于22HRC，构件其他材料的选用也应遵循这一原则。通过控制材料的硬度，可以防止产生应力腐蚀开裂。

1.3.3　螺旋槽形几何参数

螺旋槽形几何参数包括螺旋角 β、槽深比 η、槽数 n、槽台宽比 λ_1 和槽长坝长比 λ_2。

（1）螺旋角 β　螺旋角定义为曲线上任一点处的切线与过圆点的射线的交角（图 1-2）。优化结果表明，当螺旋角为 75°左右时，密封气膜的刚度、刚漏比（气膜刚度与泄漏量之比）和承载能力达到最大值。

（2）槽深比 η　随着槽深比 η 的增大，气膜涡动稳定性变好，但泄漏量将增大。因而，综合考虑泄漏量和稳定性，槽深比的最佳范围为 0. 35 ~ 0. 6。

$$\eta = \frac{E}{\delta + E}$$

式中：δ 为密封环间隙；E 为螺旋槽槽深的一半。

（3）槽数 n　随着螺旋槽槽数的增加，干气密封的气膜刚度、刚漏比、气膜承载能力均有所提高。当螺旋槽槽数增加到 30 以后，密封性能变化很小。考虑加工工艺上的因素，干气密封螺旋槽数量选择在 10 ~ 30 为宜。

（4）槽台宽比 λ_1　槽台宽比是指同一圆周上槽的宽度与槽台的宽度之比，它的大小反映了螺旋槽宽度的大小。槽台宽比在 0.6 左右时，密封的气膜刚度、刚漏比、承载能力达到最大值。但总的说来，槽台宽比在 0.4 ~ 1 范围内，密封性能的变化不是很大。

（5）槽长坝长比 λ_2　槽长坝长比是指槽的径向长度同密封面径向长度之比。

它的大小反映了螺旋槽长度的大小。槽长坝长比在 0.4 左右时，密封的气膜刚度、刚漏比、承载能力达到最大值。

1.3.4　密封性能参数

（1）泄漏量　由于密封是非接触式的，因而泄漏是不可避免的。对于非接触式密封，一般用泄漏量衡量其运行特性。影响泄漏量的因素很多，如速度、压力、温度及气体的黏度和密封结构等。实验表明，在动环表面开有螺旋槽的干气密封中，泄漏量是相当小的，泄漏量近似与间隙的三次方成正比。

（2）摩擦功耗　螺旋槽干气密封尽管是一种非接触密封，但旋转面与流体之间仍然存在着切应力。由于间隙小，切应力相对较大，所产生的摩擦功耗是不能忽略的。摩擦功耗是干气密封装置运行时所消耗的总功的主要部分。摩擦功耗与气体的黏度、间隙及转速有关。

（3）气膜刚度　螺旋槽干气密封两密封端面间的气膜阻止着间隙的变化，单位膜厚变化引起的力的变化称为气膜刚度，其单位为 N/m。正的气膜刚度能使密封抵制压力及其他机械扰动的变化，避免密封副接触。气膜刚度可用来描述非接触密封保持工作稳定的特性。流体膜的刚度有轴向刚度和切向（涡动）刚度，在分析计算时，应考虑气膜刚度对工作稳定特性的影响。

1.4　流体动压润滑理论

流体动压润滑又叫作流体动力润滑，它是利用流体的黏附性使流体黏附在摩擦表面，并在摩擦副做相对运动时将流体带入两摩擦表面之间，当两表面形成收敛的楔形间隙时，会产生一定的流体动压力，从而将两摩擦表面分隔开来，保持两摩擦表面的非接触状态，达到降低摩擦阻力、减少表面磨损、延长使用寿命、保证设备正常运转的目的[3-5]。

1.4.1　密封面加工槽的动压效应

对机械密封机理的研究主要集中在对机械密封中流体动压效应的研究。无论是接触式机械密封还是非接触式机械密封，都希望通过流体动压效应来提高机械密封的承载能力，从而减小摩擦、磨损和泄漏，提高机械密封的可靠性以延长机械密封的寿命。决定机械密封中的流体动压效应的理论基础是英国著名的科学家雷诺1886 年提出的润滑理论的基本方程——雷诺方程。对机械密封的流体动压效应的研究从 20 世纪 60 年代初开始，至今已取得了不少的研究成果，但仍然存在一些尚未解决的问题。目前，研究工作仍主要集中在流体动压密封部分，如为了使端面摩擦副楔开，可利用密封面的动能；在静止时，密封面接触消除泄漏；当密封面高速旋转时，由薄层流体膜将密封面分开，只出现有限的泄漏，甚至无泄漏。又如为了保持密封面的非接触工况，密封面间隙内介质流体膜层要承受挤压载荷，即流体膜应具有流体力学刚度；在流体动压密封中，摩擦副表面的分离和承受挤压载荷是靠流体在摩擦力作用下从间隙收敛部分被压出并产生作用力来实现的；朝着滑动速度方向间隙收敛部分也可通过密封面开槽、开口或台阶来产生，其中使用最广泛的结构是雷列台阶式、斜面式和螺旋槽面式[6-8]等。

利用流体动压效应的通常做法是在摩擦副的一个密封面上开设某种形状的流体动压槽（简称流槽），在这些流槽的作用下，普通的接触式密封变成了流体动压非接触式密封。这些流槽能起流体动力润滑作用，不仅使密封端面脱离接触，又能起到密封防止泄漏的作用。根据机械密封的工况条件、工作参数及使用要求，流槽可以设计成不同的平面图形和截面槽形。如平面图形有人字槽、八字槽、螺旋槽、圆弧槽、直线槽等；截面槽形有梯形槽、方形槽、V形槽、斜底槽等。

综上所述，流体动压密封是利用密封端面的几何形状来产生流体动压效应的非接触密封，其理论基础仍然是雷诺方程。这些几何形状包括倾斜块（周向斜面、周向台阶、周向斜平面）和各种流槽（周向槽、直弦槽、三角槽、半圆形槽、矩形槽、弧形槽、叶形槽、螺旋槽、人字形槽）。干气密封动环密封面流槽形状如图1-10所示。

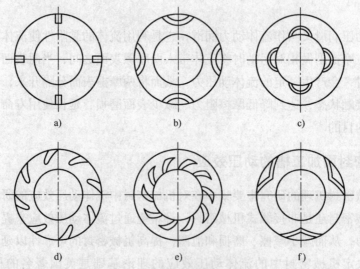

图1-10　干气密封动环密封面流槽形状

a）矩形槽　b）外圆弧槽　c）内圆弧槽　d）外螺旋槽　e）内螺旋槽　f）人字槽

1.4.2 密封间隙内气膜流动状态

（1）层流与紊流 雷诺数就是表征流体流动特性的一个重要参数，即流体流动的惯性力和黏性力之比。

雷诺数 $\qquad Re = \rho u^2/(\mu u/2r) = \rho u 2r/\mu$ （1-1）

式中：ρ 为流体密度；u 为流体特征速度；μ 为流体黏度；r 为特征长度。

雷诺数 Re 小，意味着流体流动时各质点间的黏性力占主要地位，流体各质点平行于管路内壁做有规则地流动，且呈层流流动状态。雷诺数 Re 大，意味着惯性力占主要地位，流体呈紊流流动状态。一般管道雷诺数 $Re < 2000$ 为层流状态，$Re > 4000$ 为紊流状态，$Re = 2000 \sim 4000$ 为过渡状态。在不同的流动状态下，流体的运动规律、流速的分布等都是不同的，因而管道内流体的平均流速 u 与最大流速 u_{max} 的比值也是不同的。因此雷诺数的大小决定了黏性流体的流动特性。

对于气膜厚度为 h 的密封间隙来说，其雷诺数可表示为

$$Re = \rho u^2/(\mu u/2h) = \rho u 2h/\mu$$ （1-2）

式中：h 为气膜厚度。

如果密封面较为粗糙，特别当密封面开槽时，在雷诺数大于临界雷诺数 $Re_c = 500 \sim 1000$ 时，流动很快变成紊流。对于雷诺数做如下估计：对轴径的要求，取其上限值 120mm，密度 $\rho = 1.0 kg/m^3$，黏度 $\mu = 1.86 \times 10^{-5} Pa \cdot s$，$h = 3\mu m$。当转速分别为 10000r/min 和 100000r/min 时，相应的雷诺数分别为 10 和 100；所以气体的流动为层流，可忽略惯性力的影响。但当转速很高（如 200000r/min）或者轴径很大时，雷诺数将会很大，此时气体的流动不再是层流，惯性力的影响也不可忽略[9]。

（2）分子流与黏性流 在流体密封中，许多性能都取决于流体流过密封间隙的流动状态和流动阻力，而这些间隙通常又很小，干气密封端面间的气膜层通常为 $3 \sim 5\mu m$，因此，需要考虑这些流体在很小密封间隙中的流动状态[10]。

由于在螺旋槽干气密封摩擦副之间的气体润滑膜相当薄，只有微尺度，因此在研究气膜的流动特性时，需要判别其是否仍然符合连续介质假设条件。为此，引入一个确定连续介质假设适用范围的判据，此判据就是克努森数（Knudsen）。克努森数的定义是：气体分子平均自由程与所研究问题中物体泄漏通道的特征尺寸之比。

即 $\qquad Kn = l/h$ （1-3）

式中：l 为气体分子的平均自由程（μm）；h 为气膜厚度（μm）。

当 $Kn < 0.01$ 时，气体分子的平均自由程远小于泄漏通道的特征尺寸，且气体

分子间的相互碰撞远远多于气体分子与流道壁面之间的碰撞，因而气体分子间的相互碰撞决定了流动的性质。此时在平均自由程范围内，气体的温度、密度、流速等性质并不会发生明显改变，因而可以把气体看成连续介质，即黏性流体，而相应的流动称之为黏性流动，可以用流体动力学的基本理论加以描述和分析[11]。

当 $Kn > 1$ 时，气体分子的平均自由程远大于泄漏通道的特征尺寸，且气体分子与流道壁面之间的碰撞多于气体分子间的相互碰撞；又由于分子间的碰撞很少，各分子间的运动可认为是相互独立的，此时的流动称之为分子流。

当 $0.01 < Kn < 1$ 时，气体分子的平均自由程与泄漏通道的特征尺寸具有相同的数量级，其流动特性与气体分子间的相互碰撞及气体分子与流道壁面之间的碰撞均有关，则气体流动处于过渡流区域，但此时对流动的分析为半经验的。

表 1-5 给出了标准状况下一些常用气体分子的平均自由程[12]。

表 1-5　标准状况下几种常用气体分子的平均自由程　（单位：μm）

气体	空气	氢气	氮气	氧气	氦气	氩气
l	0.069	0.112	0.0599	0.0647	0.179	0.0666

由表 1-5 中气体分子的平均自由程数据可得如下结论：在一般的压力和温度情况下，当气膜的厚度不小于 2μm 时（螺旋槽干气密封气膜厚度通常为 3～5μm），间隙中的气体具有连续介质的特性，可视为连续介质。

1.4.3　微尺度效应对螺旋槽干气密封流动场的影响

20 世纪 80 年代以后，由于人工超晶格、纳米材料、微电子机械系统（MEMS）、生物芯片等技术的诞生和深入发展，人类对于介于宏观和微观之间的物质世界的认识迅速丰富起来，并形成了"介观物理学""细观力学""纳米材料科学""微尺度传热学"及"纳米电子学"等一系列崭新的学科体系。这些不同称谓学科的共同特点是其研究对象都表现出微细尺度下的一些"超常"现象。尽管这些学科还处于刚刚建立阶段，许多现象还需要长期深入的研究探索，但已经展现出良好的理论发展前景和孕育高新技术产品的巨大潜力，也引起了社会上相关人士广泛关注和极大的研究热情。因此，全面认识微尺度效应、架构科学的微尺度理论是十分重要的。

随着微机电系统的发展及其应用领域的不断扩大，微器件和微机电系统中涉及许多微流动问题，流体在微尺度槽道中流动的研究引起了人们的重视。随着尺寸的微小化，在宏观流动中可忽略的一些影响因素变得重要起来，由于尺度效应、表面效应等因素的影响，微小槽道中的流动呈现出一些与宏观流动不同的现象。国内外学者都针对由于尺度微小化所带来的有别于宏观尺度流动的一些问题进行了讨论，并分析了在微尺度流动问题中必须注意的一些因素，例如：尺度划分与连续介质假设的适用范围、表面效应、稀薄性与压缩性的作用及流动通道壁面的影响[13-26]。

干气密封运转时，平衡间隙（即气膜厚度）的典型值为 3 ~ 5μm，其内部气体流动的尺度为微尺度。由于没有应用相应的微尺度下的流动计算方法，依照经验设计的不可靠性很大，且不良的设计常常导致干摩擦或气体泄漏量超标等诸多问题。在对这种尺度的流动和传热问题进行分析时，一般应该考虑气体的稀薄效应。

基于气体微尺度流动和稀薄气体流动的动力相似性，克努森数 Kn 成为微尺度研究中重要的准则数。克努森数 Kn 是分子平均自由程与泄漏通道特征尺寸的比值。当 $0.001 < Kn < 0.1$ 时，在研究此种流动时仍然可以运用 N-S 方程，但需要考虑气体的稀薄效应，以及采用速度滑移和温度跳跃的边界条件，再应将滑移边界条件应用于 N-S 方程。在微尺度流动中，由等温过程固壁附近的力平衡关系，Maxwell（1879 年）导出的滑移速度为

$$u_{\text{gas}} - u_{\text{wall}} = -\frac{2 - \sigma_{\text{v}}}{\sigma_{\text{v}}} l \frac{\partial u}{\partial y}\bigg|_{\text{w}} \qquad (1\text{-}4)$$

式中：l 为分子平均自由程；u 为气膜流速；y 为气膜位移；σ_{v} 为切向动量调节系数，它表示漫反射分子所占的比例。

假设一个等温过程，将气体分子看成是刚性球体，连续的撞击固体表面并由固体表面反射，对于一个理想的绝对光滑的表面，入射角严格等于反射角；分子保持了切向动量，壁面上也没有剪切力，则壁面上得到了完全的滑移。而对于一个特别粗糙的表面，分子以任意角反射，这种完全的漫反射导致了有限的滑移速度。对于真实的固壁，有些分子漫反射而有些分子镜面反射，所以入射分子的一部分动量损失在了固壁表面。

参 考 文 献

[1]　耿洪滨. 新编工程材料 [M]. 哈尔滨：哈尔滨工业大学出版社，2000.

[2]　蔡作乾，王琏，杨根. 陶瓷材料辞典 [M]. 北京：化学工业出版社，2002.

[3]　顾永泉. 机械密封实用技术 [M]. 北京：机械工业出版社，2001.

[4]　顾永泉. 流体动密封 [M]. 东营：石油大学出版社，1990.

[5]　吴望一. 流体力学 [M]. 北京：北京大学出版社，1995.

[6]　平克斯 O.，斯德因李希特 B. 流体动力润滑理论 [M]. 西安交通大学轴承研究小组，译. 北京：机械工业出版社，1980.

[7]　张鹏顺，陆思聪. 弹性流体动力润滑及其应用 [M]. 北京：高等教育出版社，1995.

[8]　陈伯贤. 流体润滑理论及其应用 [M]. 北京：机械工业出版社，1991.

[9]　蔡仁良，顾伯勤，宋鹏云. 过程装备密封技术 [M]. 北京：化学工业出版社，2002.

[10]　林兆福. 气体动力学 [M]. 北京：北京航空航天大学出版社，1988.

[11]　顾建中. 热学教程 [M]. 修订本. 北京：高等教育出版社，1961.

[12]　赵汉中，陈瑶. 微尺度通道中可压缩气体三维流动的数值分析 [J]. 微纳电子技术，2007（11）：1008-1011.

[13]　孙宏伟，顾维藻，刘文艳. 速度滑移和温度阶跃对微尺度流动和换热的影响 [J]. 工程热物理学报，1998，19（1）：94-97.

[14]　李战华，崔海航. 微尺度流动特性 [J]. 机械强度，2001，23（4）：476-480.

[15]　陶然，权晓波，徐建中. 微尺度流动研究中的几个问题 [J]. 工程热物理学报，2001，22（5）：575-577.

[16]　王玮，李志信，过增元. 粗糙表面对微尺度流动影响的数值分析 [J]. 工程热物理学报，2003，24（1）：85-87.

[17]　吴承伟，马国军. 关于流体流动的边界滑移 [J]. 中国科学 G 辑，物理学　力学　天文学，2004，34（6）：681-690.

[18]　王惠，胡元中，邹醒. 纳米摩擦学的分子动力学模拟研究 [J]. 中国科学 A 辑，2001，31（3）：261-266.

[19]　Hervet H，Léger L. Flow with slip at the wall：from simple to complex fluids [J]. Comptes Rendus de l'Académie des Sciences-Series IV-Physics-Astrophysics，2003，4（2）：241-249.

[20]　Zhu Y X，Graniek S. No-slip boundary condition switches to partial slip when fluid contains surfacetant [J]. Langmuir，2002（18）：10058-10063.

[21]　Thompson P R，Trolan S M. A general boundary condition for fluid flow at solid surfaces [J]. Nature，1997（389）360-362.

[22]　许鹏先，潘琦，申改章. 基于滑移边界的干气密封的数值模拟 [J]. 润滑与密封，2007，32（5）：98-101.

[23]　尹晓妮，彭旭东. 考虑滑移流条件下干式气体端面密封的有限元分析 [J]. 润滑与密封，2006（4）：55-57.

[24]　柏巍，王秋旺，王娴，等. 矩形微通道内滑移区气体流动换热的数值模拟 [J]. 上海理工大学学报，2003，25（2）：139-142.

[25]　Kang J H，Kmi S G，Kmi K W. A new boundary condition for the interconnected boundary of air-lubricated groove journal and thrust bearings [J]. Trib Trans，2005（48）：199-207.

[26]　凌智勇，丁建宁，杨继昌. 微流动的研究现状及影响因素 [J]. 江苏大学学报，2002，23（6）：1-5.

第2章 基于滑移边界的螺旋槽干气密封流场的计算及其优化

2.1 计算方法

2.1.1 数值模拟法

目前在气膜流场计算中普遍使用的是数值模拟法，其中专业软件计算法（CFD、ANSYS）和 C 语言编程计算法应用较多。

1. 计算流体力学 CFD

计算流体力学（Computational Fluid Dynamics，简称 CFD）以理论流体力学和计算数学为基础，是流体力学的一个分支。它通过在计算机上求解描述流体运动、传热和传质的偏微分方程（组），并对上述现象进行过程模拟，从而获得流体在特定条件下的有关信息。CFD 数值模拟实质是通过时、空离散，把描述流体运动的连续介质数学模型离散为大型代数方程组，建立可以在计算机上求解的算法，从而获得问题所需的解。主要的数值方法如有限差分法、有限元法和边界元法，近年来有限体积法亦成为一种被广泛采用的数值方法。有限体积法由 Jameson 等人于 1981 年提出，它能够处理具有任意几何外形、任意曲线网格物体的绕流问题。

目前比较好的 CFD 软件有 FLUENT、CFX、PHOENICS、STAR-CD，除了 FLU-ENT 是美国公司的产品外，其他三个都是英国公司的产品。

求解思路简介：①确定流动模型，即层流或湍流；②选择计算模型和确定边界条件；③建立几何模型并划分网格；④选择求解方法；⑤输出结果处理与分析。

应用 CFD 求解干气密封气膜流场简介：

1）选择湍流模型。

2）计算模型，采用 RNGk-ε 湍流模型计算。该模型是由 Yakhot 和 Orzag 提出的，在此模型中，通过在大尺度运动和修正后的黏度项体现小尺度的影响，而使这些小尺度运动有系统地从控制方程中去除。所得到的 k 方程和 ε 方程如下：

$$\frac{\partial(\rho k)}{\partial t} + \frac{\partial(\rho k u_i)}{\partial x_i} = \frac{\partial}{\partial x_j}\left[\alpha_k u_{\text{eff}}\frac{\partial k}{\partial x_j}\right] + G_k + \rho\varepsilon \tag{2-1}$$

$$\frac{\partial(\rho\varepsilon)}{\partial t} + \frac{\partial(\rho\varepsilon u_i)}{\partial x_i} = \frac{\partial}{\partial x_j}\left[\alpha_\varepsilon u_{\mathrm{eff}}\frac{\partial\varepsilon}{\partial x_j}\right] + \frac{C_{1\varepsilon}^*\varepsilon}{k}G_k + C_{2\varepsilon}\rho\frac{\varepsilon^2}{k} \tag{2-2}$$

式中：k 为湍流脉动功能；ε 为脉动功能耗散率。

槽区和坝区边界为周期性边界条件，满足：

$$\begin{cases} \phi(r,\theta_1,z) = \phi(r,\theta,z) \\ \theta_1 = \theta_0 + 2\pi/n \end{cases} \tag{2-3}$$

3）建立几何模型并划分网格。图 2-1 为螺旋槽干气密封的几何模型，密封面槽型为螺旋槽，满足对数螺旋线方程。在柱坐标系下的方程为

$$r = r_g e^{\varphi\cdot\cot\alpha} \tag{2-4}$$

式中：r_g 为起始半径；φ 为角度坐标；α 为螺旋角的余角。

取密封端面间的气膜为研究对象，由于密封端面上螺旋槽呈对称性和周期性均匀分布，对于稳态流动场，气膜压力场边界条件沿圆周方向以 $2\pi/n$ 为周期分布。因此选取整个密封端面的一个槽区（$CDEH$）和一个与之相连的台区（$ABCHEFG$）作为计算区域（$ABCDEFG$），如图 2-2 所示。

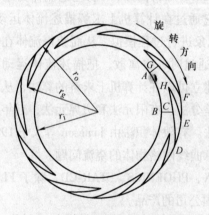
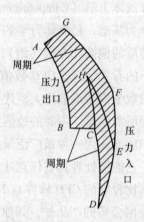

图 2-1　螺旋槽干气密封的几何模型　　　　图 2-2　螺旋槽计算模型

4）选择求解方法。求解器选择分离的隐式求解器，压力差值格式为标准差值，压力速度耦合采用 SIMPLEC 算法。扩散项的离散格式采用中心差分格式，对流项的离散格式采用二阶迎风格式。

5）输出结果处理与分析。输入操作运行参数，便可输出端面压力分布云图如图 2-3 所示和端面速度分布云图如图 2-4 所示。

2. C 语言编程计算

求解思路简介：①建立流动力学模型；②建立流动数学模型（控制方程和边

界条件）；③利用差分法或有限元法将偏微分方程化为线性方程组；④确定编程计算流程框图；⑤依据流程框图利用 C 语言编程计算；⑥输出结果处理与分析。

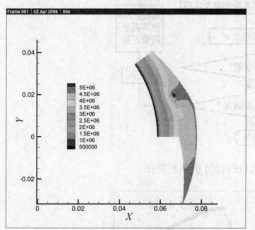

图 2-3　密封端面压力分布云图　　　　　图 2-4　密封端面速度分布云图

应用 C 语言编程计算干气密封气膜流场简介：

1）建立量纲为 1 的雷诺方程：

$$\frac{\partial}{\partial r}\Big[H^3\bar{\rho}\varPhi(N,\bar{l},H)\Big]\frac{\partial \bar{p}}{\partial r}+\Big[H^3\bar{\rho}\varPhi(N,\bar{l},H)\Big]\frac{\partial^2 \bar{p}}{\partial r^2}+\frac{1}{r}\frac{\partial}{\partial \theta}\Big[\frac{H^3\bar{\rho}}{r}\varPhi(N,\bar{l},H)\Big]\frac{\partial \bar{p}}{\partial \theta}$$

$$+\Big[\frac{H^3\bar{\rho}}{r^2}\varPhi(N,\bar{l},H)\Big]\frac{\partial^2 \bar{p}}{\partial \theta^2}=\frac{1}{r}\frac{\partial}{\partial \theta}\Big(\frac{rH\bar{\rho}}{2}\Big) \tag{2-5}$$

2）利用差分法将偏微分方程化为线性方程。利用有限差分法进行数值求解，步长分别为 h、k。离散量纲为 1 的雷诺方程，得到相应的差分方程：

$$\frac{\partial}{\partial r}\Big[H^3\bar{\rho}\varPhi(N,\bar{l},H)\Big]\Big(\frac{\bar{p}_{i+1,j}-\bar{p}_{i-1,j}}{2h}\Big)+\Big[H^3\bar{\rho}\varPhi(N,\bar{l},H)\Big]\Big(\frac{\bar{p}_{i+1,j}-2\bar{p}_{i,j}+\bar{p}_{i-1,j}}{h^2}\Big)+$$

$$\frac{1}{r}\frac{\partial}{\partial \theta}\Big[\frac{H^3\bar{\rho}}{r}\varPhi(N,\bar{l},H)\Big]\Big(\frac{\bar{p}_{i,j+1}-\bar{p}_{i,j-1}}{2k}\Big)+\Big[\frac{H^3\bar{\rho}}{r^2}\varPhi(N,\bar{l},H)\Big]$$

$$\Big(\frac{\bar{p}_{i,j+1}-2\bar{p}_{i,j}+\bar{p}_{i,j-1}}{k^2}\Big)=\frac{1}{r}\frac{\partial}{\partial \theta}\Big(\frac{rH\bar{\rho}}{2}\Big) \tag{2-6}$$

3）确定编程计算流程框图（图 2-5）。

4）利用 C 语言编程计算结果并输出。输入结构参数和工艺操作参数可得到如图 2-6 所示的不同膜厚下的流场径向压力分布曲线[1]。

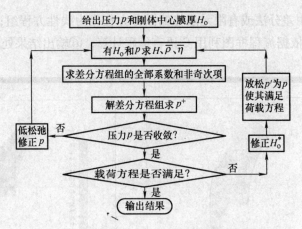

图 2-5　复合直接迭代法的计算机流程简图

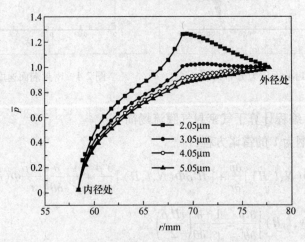

图 2-6　径向压力分布曲线示例图

2.1.2　近似解析法及其与数值计算法的比较

近似解析法求解流场的边值问题，其求解思路为：①建立非线性偏微分雷诺方程；②应用 PH 线性化方法，将非线性偏微分雷诺方程转化为线性偏微分方程；③引入复函数分离变量将线性偏微分方程变为两个线性实常数微分方程组；④采用小参数迭代法求解线性实常数微分方程；⑤近似求得螺旋槽内气体动压分布的解析解。

近似解析法与数值计算法比较最突出的优点是：解析法建立的是数学模型，求出的解是函数解，很容易寻找函数的极值点，从而获得优化结构参数的最佳值。专业软件数值计算法建立的是特定几何模型，且通过许多种几何模型的比较才能获得最佳优化参数范围；另外，寻找最佳值的工作比较繁琐，甚至无法求得最优解。C

语言编程计算建立的是数学模型,而求出的解是数值解,还要通过许多组结构参数的比较才能获得最佳优化参数范围,同样寻找最佳值比较困难。

近似解析法与数值计算法比较其缺点是:寻求函数解较为繁琐和困难,高次迭代解更为复杂,因而通常求得的二次迭代解,其精确度不如数值法。

2.2　螺旋槽内微尺度气膜润滑的边值问题

在运转的干气密封装置中,其气膜的平衡间隙通常是微尺度 (3~5μm),气体在其中的流动属于微尺度流动。由于气体微尺度流动和稀薄气体流动具有动力相似性,在对干气密封气膜中气体的流动和传热问题进行分析时,一般应该考虑气体的稀薄效应,由此边界滑移对干气密封的性能影响非常重要[2,3]。

近几年,国内外学者针对微尺度流动的特点,利用一阶线性滑移边界条件建立了非线性雷诺方程,并利用有限差分法编程求解,将其应用于解决干气密封微尺度理论的相关问题中[4-7];或采用迭代法、PH 线性化方法[8]求解流场的速度分布、气膜刚度及泄漏量,较好地解决了压缩机在高压、高速情况下的密封问题[9-12]。

然而在低压、低速工况下,由于动压效果不明显,气膜厚度较薄,其气膜剪切率较大,应用一阶线性滑移边界条件理论解决问题就会存在较大误差,如处理反应釜搅拌轴问题[13]。在这种情况下,引入二阶滑移边界条件建立非线性雷诺方程并求解,能够获得比一阶线性滑移边界更为精确的结果[14-16]。

2.2.1　N-S 方程的简化

克努森数 Kn 是微尺度研究中重要的准则数,在研究 $0.001 < Kn < 0.1$ 的微尺度流动时仍然可以运用 N-S 方程 (纳维-斯托克斯方程,描述黏性不可压缩流体主量守恒方程),但需要考虑气体的稀薄效应,将滑移边界条件应用于 N-S 方程。

N-S 方程的一般式[17]:

$$\rho \frac{\mathrm{d}v}{\mathrm{d}t} = \rho F - \nabla p + \mu \nabla^2 v + \frac{1}{3}\mu \nabla(\nabla \cdot v) \qquad (2-7)$$

式中:ρ 为气体密度;v 为润滑层中气体总速度;F 为气膜推力;∇ 为拉普拉斯算子;p 为润滑层中的压力;μ 为气体的动力黏度。

对于气体而言,忽略外力项 F,则

$$\rho \frac{\mathrm{d}v}{\mathrm{d}t} = -\nabla p + \mu \nabla^2 v + \frac{1}{3}\mu \nabla(\nabla \cdot v) \qquad (2-8)$$

按图 2-7 所示的两板间隙间气体流动力学模型假定[18]如下:①气体为等温流

动；②间隙内流动为层流；③惯性力项与压力斜率项相比小得多，即式左边可以忽略；④z方向的速度 w 可以忽略，即间隙厚度方向压力一定；⑤主要的黏性力仅是 $\dfrac{\partial^2 u}{\partial z^2}$、$\dfrac{\partial^2 v}{\partial z^2}$ 项，其他项可以忽略。

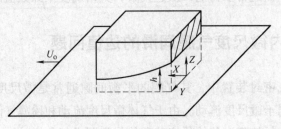

图 2-7　气体流动力学模型

由以上假设可得到简化的直角坐标系中 N-S 方程：

$$\begin{cases} \dfrac{\partial p}{\partial x} = \dfrac{\partial}{\partial z}\left(\mu\,\dfrac{\partial u'}{\partial z}\right) \\[2mm] \dfrac{\partial p}{\partial y} = \dfrac{\partial}{\partial z}\left(\mu\,\dfrac{\partial v'}{\partial z}\right) \end{cases} \tag{2-9}$$

2.2.2　滑移边界条件

1. 一阶滑移边界条件

一阶滑移边界条件的数学模型[7]：

$$\left.\begin{array}{l} u' = U_0 + l'\dfrac{\partial u'}{\partial z} \\[2mm] v' = l'\dfrac{\partial v'}{\partial z} \end{array}\right\}, z = 0 \text{ 时}, U_0 = 2\pi n_r r_i$$

$$\left.\begin{array}{l} u' = -l'\dfrac{\partial u'}{\partial z} \\[2mm] v' = -l'\dfrac{\partial v'}{\partial z} \end{array}\right\}, z = h \text{ 时}, h = H(\delta + E) \tag{2-10}$$

式中：$l' = \dfrac{2 - \sigma_v}{\sigma_v}l$；$l$ 为分子平均自由行程，σ_v 为分子切向动量调节系数；U_0 为密封环内径线速度；n_r 为轴的转速；r_i 为密封环内径；h 为气膜厚度；H 为量纲为 1 的气膜厚度；δ 为密封环间隙；E 为槽深一半；u' 为周向速度；v' 为径向速度。

2. 二阶滑移边界条件

Beskok 等首先采用二阶滑移边界条件研究了平行平板之间的滑移流动问题，

采用二阶滑移边界条件后，质量流量具有更高的精度[19]。滑移边界条件的几何模型如图 2-8 所示。

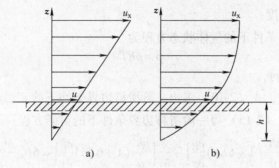

图 2-8　流体流动速度边界模型示意图

a）线性滑移长度模型　b）非线性滑移长度模型

二阶滑移边界条件的数学模型：

$$\left.\begin{aligned} u' &= U_0 + l'\frac{\partial u'}{\partial z} - \frac{l^2}{2}\frac{\partial^2 u'}{\partial z^2} \\ v' &= l'\frac{\partial v'}{\partial z} - \frac{l^2}{2}\frac{\partial^2 v'}{\partial z^2} \end{aligned}\right\}, \quad z = 0 \text{ 时}$$

(2-11)

$$\left.\begin{aligned} u' &= -l'\frac{\partial u'}{\partial z} - \frac{l^2}{2}\frac{\partial^2 u'}{\partial z^2} \\ v' &= -l'\frac{\partial v'}{\partial z} - \frac{l^2}{2}\frac{\partial^2 v'}{\partial z^2} \end{aligned}\right\}, \quad z = h \text{ 时}$$

式中：$l' = \dfrac{2 - \sigma_v}{\sigma_v}l$；$l$ 为分子平均自由行程；σ_v 为分子切向动量调节系数；U_0 为密封环内径线速度，$U_0 = 2\pi n_r r_i$；n_r 为轴的转速；r_i 为密封环内径；h 为气膜厚度，$h = H(\delta + E)$；H 为量纲为 1 的量气膜厚度；δ 为密封环间隙；E 为槽深一半；u' 为周向速度；v' 为径向速度。

2.2.3　微尺度效应的雷诺方程

1. 一阶滑移边界条件下的微尺度效应雷诺方程

一阶滑移边界条件下的连续方程：

$$\frac{\partial p}{\partial t} + \frac{\partial}{\partial x}(\rho u') + \frac{\partial}{\partial y}(\rho v') + \frac{\partial}{\partial z}(\rho w') = 0 \tag{2-12}$$

$$\frac{\partial p}{\partial t} + \frac{\partial}{\partial x}(\rho u') + \frac{\partial}{\partial y}(\rho v') = 0 \tag{2-13}$$

$$\int_0^h \left[\frac{\partial}{\partial x}(\rho u') + \frac{\partial}{\partial y}(\rho v') \right] dz + \frac{\partial}{\partial t}(\rho h) = 0 \tag{2-14}$$

式中，w'为轴向速度。

一阶滑移边界条件下的气体状态方程为

$$p = \rho RT \tag{2-15}$$

式中：$w' = 0$；$p = \bar{p} p_i$。

则由式（2-9）、式（2-10）求出一阶滑移边界条件下的 u'、v'，再将其代入式（2-14），并利用式（2-15）得一阶滑移边界条件下的雷诺方程：

$$\frac{\partial}{\partial x} \left[\frac{ph^3}{\mu}(1 + 6Kn) \frac{\partial p}{\partial x} \right] + \frac{\partial}{\partial y} \left[\frac{ph^3}{\mu}(1 + 6Kn) \frac{\partial p}{\partial y} \right] = 6U_0 \frac{\partial(\rho h)}{\partial x} \tag{2-16}$$

2. 二阶滑移边界条件下的微尺度效应雷诺方程

由式（2-9）、式（2-11）求出二阶滑移边界条件下的 u'、v'，再将其代入式（2-14），并利用式（2-15）得二阶滑移边界条件下的雷诺方程：

$$\frac{\partial}{\partial x} \left[\frac{ph^3}{\mu} \left(1 + 6Kn + \frac{2}{3}Kn^2 \right) \frac{\partial p}{\partial x} \right] + \frac{\partial}{\partial y} \left[\frac{ph^3}{\mu} \left(1 + 6Kn + \frac{2}{3}Kn^2 \right) \frac{\partial p}{\partial y} \right] = 6U_0 \frac{\partial(\rho h)}{\partial x}$$

$$\tag{2-17}$$

式中，Kn 为克努森数，$Kn = l'/h$，$10^{-3} \leqslant Kn \leqslant 10^{-1}$。

利用螺旋槽力学模型（图 2-9）将式（2-16）量纲为 1 的量化为一阶滑移边界条件下的雷诺方程：

$$\frac{\partial}{\partial \phi} \left[PH^3 \frac{\partial P}{\partial \phi} \right] + \frac{\partial}{\partial \zeta} \left[PH^3 \frac{\partial P}{\partial \zeta} \right] = \chi \frac{\partial(PH)}{\partial \phi} \tag{2-18}$$

$$\phi = \frac{x}{r_i}; \ \zeta = \frac{y}{r_i}; \ \chi = \frac{\Lambda}{(1 + 6Kn)}; \Lambda = \frac{12\pi\mu n_r}{p_i} \frac{r_i^2}{(\delta + E)^2}。$$

式中：P 为量纲为 1 的压力；ϕ 为量纲为 1 的极角；H 为量纲为 1 的气膜厚度；ζ 为量纲为 1 的极径；χ 为可压缩修正系数。

将式（2-17）量纲为 1 的量化为二阶滑移边界条件下的雷诺方程：

$$\frac{\partial}{\partial \phi} \left[PH^3 \frac{\partial P}{\partial \phi} \right] + \frac{\partial}{\partial \zeta} \left[PH^3 \frac{\partial P}{\partial \zeta} \right] = \chi' \frac{\partial(PH)}{\partial \phi}$$

$$\tag{2-19}$$

式中，$\chi' = \dfrac{\Lambda}{\left(1 + 6Kn + \dfrac{2}{3}Kn^2 \right)}$。

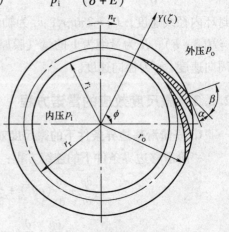

图 2-9　螺旋槽力学模型

边界条件:$\bar{p}_{(\zeta=1)} = 1$,

$$\bar{p}\left(\zeta = \zeta_0 = \frac{r_o}{r_i}\right) = \bar{p}_o = \frac{p_o}{p_i} \tag{2-20}$$

式中, p_o/p_i 为介质压力与环境压力的比值。

2.3　近似求解

2.3.1　边值问题的近似求解

1. PH 线性化方法[20]

令 $P = \dfrac{\psi}{H}$, 则式 (2-18) 化为

式中, ψ 为量纲为 1 的 PH 函数。

泛函数

$$R(\psi, H) = \left[\psi(\psi'_\varphi H - \psi H'_\varphi)\right]'_\varphi + \left[\psi(\psi'_\zeta H - \psi H'_\zeta)\right]'_\zeta - \chi \psi'_\varphi = 0 \tag{2-21}$$

将广义的牛顿-坎托罗维奇的方法应用于式 (2-21), 可用下列函数序列:

$$\psi_{n+1} = \psi_n - \left[R'(\psi_0, H_0)\right]^{-1} R(\psi_n, H) \tag{2-22}$$

在研究点上的微分可按式(2-23)确定:

$$R'(\psi_0, H_0)u = \lim_{\lambda \to 0} \frac{R(\psi_0 + \lambda u, H_0) - R(\psi_0, H_0)}{\lambda} \tag{2-23}$$

对式 (2-21) 进行微分, 则

$$R'(\psi_0, H_0)u = u''_{\varphi\varphi} + u''_{\zeta\zeta} - \frac{\chi}{H_0} u'_\varphi \tag{2-24}$$

令式 (2-22) $n = 0$, $\psi_0 = 1$, $H_0 = 1$, 将运算式 (2-23) 用于式 (2-22) 则

$$R'(\psi_0, H_0)\psi_1 = R'(\psi_0, H_0)^{(1)} - R'(\psi_0, H) \tag{2-25}$$

考虑到 $R'(\psi_0, H_0)^{(1)} = 0$, 运用 $\psi_0 = 1$ 时的表达式 (2-21) 和式 (2-24), 即

$$R(\psi_0, H) = -(H''_{\varphi\varphi} + H''_{\zeta\zeta}) \tag{2-26}$$

可得一级近似 PH 线性雷诺方程为

$$(\psi_1)''_{\varphi\varphi} + (\psi_1)''_{\zeta\zeta} - \chi(\psi_1)'_\varphi = H''_{\varphi\varphi} + H''_{\zeta\zeta} \tag{2-27}$$

相应边界条件

$$\psi_{1(\zeta=1)} = H_{(\zeta=1)} \tag{2-28a}$$

$$\psi_{1(\zeta=\zeta_0)} = P_0 H \tag{2-28b}$$

2. 引入复函数化简

我们令

$$\psi_1 = H + y \tag{2-29}$$

$$H = 1 - \eta \cos w \tag{2-30}$$

式中：$w = n\varphi + \beta_0\zeta$，$\beta_0 = n\tan\alpha$，$\eta = \dfrac{E}{\delta + E}$，则式（2-27）、式（2-28）变为

$$y_{\varphi\varphi}'' + y_{\zeta\zeta}'' - \chi y_{\varphi}' = \chi H_{\varphi}' \tag{2-31}$$

$$y_{(\zeta=1)} = 0 \tag{2-32a}$$

$$y_{(\zeta=\zeta_0)} = (P_0 - 1) H \tag{2-32b}$$

为了方便计算，将式（2-31）、式（2-32）的解用复数形式表示，为此我们研究下列复函数边值问题，即

$$K_{\varphi\varphi}'' + K_{\zeta\zeta}'' - \chi K_{\varphi}' = \chi \Gamma_{\varphi}' \tag{2-33}$$

y 相应复变函数为 K，而 H 相应复变函数为

$$\Gamma = 1 - \eta e^{-i\omega} \tag{2-34}$$

$$K_{\varphi\varphi}'' + K_{\zeta\zeta}'' - \chi K_{\varphi}' = i\chi\eta n e^{-i\omega} \tag{2-35}$$

$$K_{(\zeta=1)} = 0 \tag{2-36a}$$

$$K_{(\zeta=\zeta_0)} = (P_0 - 1)(1 - \eta e^{-i\omega_0}) \tag{2-36b}$$

式中，$w_0 = \beta_0\zeta_0$。

边值问题式（2-35）、式（2-36）的解具有下列形式为

$$K = \eta f_n(\zeta) e^{-i\omega} \tag{2-37}$$

代入式（2-35）得

$$f_n'' - 2i\beta_0 f_n' - (n^2 + \beta_0^2 - n\chi i) f_n = n\chi i \tag{2-38}$$

$$f_{n(1)} = 0, \quad f_{n(\zeta_0)} = A + Bi \tag{2-39}$$

式中，$A = \dfrac{1}{\eta}(P_0 - 1)(\cos\omega_0 - \eta)$，$B = -\dfrac{1}{\eta}(P_0 - 1)\sin\omega_0$。

3. 迭代法求解

将式（2-37）中的复变函数 $f_n(\zeta)$ 分解为一般式：

$$f_n(\zeta) = \eta_{1,\zeta} + \eta_{2,\zeta} i \tag{2-40}$$

将式（2-40）代入式（2-38）得

$$\eta_1'' - (n^2 + \beta_0^2)\eta_1 = -2\beta_0\eta_2' + n\chi\eta_2 \tag{2-41a}$$

$$\eta_2'' - (n^2 + \beta_0^2)\eta_2 = -2\beta_0\eta_1' - n\chi\eta_1 + n\chi \tag{2-41b}$$

令 $n^2 + \beta_0^2 = \beta_1$，$2\beta_0 = \alpha_1\varepsilon$，$n\chi = \alpha_2\varepsilon$，$\varepsilon$ 为小参数，α_1、α_2 为实常数。

则式（2-41）为

$$\eta_1'' - \beta_1 \eta_1 = -\alpha_1 \varepsilon \eta_2' + \alpha_2 \varepsilon \eta_2 \tag{2-42a}$$

$$\eta_2'' - \beta_1 \eta_2 = \alpha_1 \varepsilon \eta_1' - \alpha_2 \varepsilon \eta_1 + \alpha_2 \varepsilon \tag{2-42b}$$

其近似解为

$$\eta_{1(\zeta)} = \eta_{10} + \eta_{11}\varepsilon + \eta_{12}\varepsilon^2 + \cdots \tag{2-43a}$$

$$\eta_{2(\zeta)} = \eta_{20} + \eta_{21}\varepsilon + \eta_{22}\varepsilon^2 + \cdots \tag{2-43b}$$

将式（2-43）代入式（2-42），并收集 ε 的各次同次幂得

零次近似

$$\eta_{10}'' - \beta_1 \eta_{10} = 0 \tag{2-44a}$$

$$\eta_{20}'' - \beta_1 \eta_{20} = 0 \tag{2-44b}$$

相应边界条件

$$\eta_{10(1)} = 0 \tag{2-45a}$$

$$\eta_{10(\zeta_0)} = A \tag{2-45b}$$

$$\eta_{20(1)} = 0 \tag{2-45c}$$

$$\eta_{20(\zeta_0)} = B \tag{2-45d}$$

得

$$\eta_{10} = c_{10} e^{\zeta \sqrt{\beta_1}} + c_{10}' e^{-\zeta \sqrt{\beta_1}} \tag{2-46a}$$

$$\eta_{20} = c_{20} e^{\zeta \sqrt{\beta_1}} + c_{20}' e^{-\zeta \sqrt{\beta_1}} \tag{2-46b}$$

式中，$c_{10} = A e^{\zeta \sqrt{\beta_1}} / (e^{2\zeta_0 \sqrt{\beta_1}} - e^{2\sqrt{\beta_1}})$，$c_{10}' = -A e^{\sqrt{\beta_1}(\zeta_0 + 2)} / (e^{2\zeta_0 \sqrt{\beta_1}} - e^{2\sqrt{\beta_1}})$，$c_{20} = B e^{\zeta \sqrt{\beta_1}} /$
$(e^{2\zeta_0 \sqrt{\beta_1}} - e^{2\sqrt{\beta_1}})$，$c_{20}' = -B e^{\sqrt{\beta_1}(\zeta_0 + 2)} / (e^{2\zeta_0 \sqrt{\beta_1}} - e^{2\sqrt{\beta_1}})$。

一次近似

$$\eta_{11}'' - \beta_1 \eta_{11} = -\alpha_1 \eta_{20}' + \alpha_2 \eta_{20} \tag{2-47a}$$

$$\eta_{21}'' - \beta_1 \eta_{21} = \alpha_1 \eta_{10}' - \alpha_2 \eta_{10} + \alpha_2 \tag{2-47b}$$

边界条件

$$\eta_{11(1)} = 0 \tag{2-48a}$$

$$\eta_{11(\zeta_0)} = 0 \tag{2-48b}$$

$$\eta_{21(1)} = 0 \tag{2-48c}$$

$$\eta_{21(\zeta_0)} = 0 \tag{2-48d}$$

得

$$\eta_{11} = c_{11} e^{\zeta \sqrt{\beta_1}} + c_{11}' e^{-\zeta \sqrt{\beta_1}} + \frac{A_1}{2 \sqrt{\beta_1}} \zeta e^{\zeta \sqrt{\beta_1}} - \frac{B_1}{2 \sqrt{\beta_1}} \zeta e^{-\zeta \sqrt{\beta_1}} \tag{2-49a}$$

$$\eta_{21} = c_{21} e^{\zeta \sqrt{\beta_1}} + c_{21}' e^{-\zeta \sqrt{\beta_1}} + \frac{A_2}{2 \sqrt{\beta_1}} \zeta e^{\zeta \sqrt{\beta_1}} - \frac{B_2}{2 \sqrt{B_1}} \zeta e^{-\zeta \sqrt{\beta_1}} - \frac{\alpha_2}{\beta_1} \tag{2-49b}$$

其中，$c_{11} = [-A_1 (\zeta_0 e^{2\zeta_0 \sqrt{\beta_1}} - e^{2\sqrt{\beta_1}}) + B_1 (\zeta_0 - 1)] / [2 \sqrt{\beta_1} (e^{2\zeta_0 \sqrt{\beta_1}} - e^{2\sqrt{\beta_1}})]$

$$c_{11}' = -A_1 e^{2\sqrt{\beta_1}} / (2 \sqrt{\beta_1}) + B_2 / (2 \sqrt{\beta_1}) - c_{11} e^{2\sqrt{\beta_1}}$$

$$A_1 = (-\alpha_1 \sqrt{\beta_1} + \alpha_2) c_{20}, \ B_1 = (\alpha_1 \sqrt{\beta_1} + \alpha_2) c_{20}'$$

$$c_{21} = \left[-\frac{A_2}{2\sqrt{\beta_1}}(\zeta_0 e^{2\zeta_0\sqrt{\beta_1}} - e^{2\sqrt{\beta_1}}) + \frac{B_2}{2\sqrt{\beta_1}}(\zeta_0 - 1) + \frac{\alpha_2}{\beta_1}(e^{\zeta_0\sqrt{\beta_1}} - e^{\sqrt{\beta_1}}) \right] / (e^{2\zeta_0\sqrt{\beta_1}} - e^{2\sqrt{\beta_1}})$$

$$c'_{21} = -c_{21}e^{2\sqrt{\beta_1}} - \frac{A_2}{2\sqrt{\beta_1}}e^{2\sqrt{\beta_1}} + \frac{B_2}{2\sqrt{\beta_1}} + \frac{\alpha_2}{\beta_1}e^{\sqrt{\beta_1}}$$

$$A_2 = (\alpha_1\sqrt{\beta_1} - \alpha_2)c_{10}, \quad B_2 = -(\alpha_1\sqrt{\beta_1} + \alpha_2)c'_{10}$$

一次近似解

$$\eta_{1(\zeta)} = c_{10}e^{\zeta\sqrt{\beta_1}} + c'_{10}e^{-\zeta\sqrt{\beta_1}} + \left(c_{11}e^{\zeta\sqrt{\beta_1}} + c'_{11}e^{-\zeta\sqrt{\beta_1}} + \frac{A_1}{2\sqrt{\beta_1}}\zeta e^{\zeta\sqrt{\beta_1}} - \frac{B_1}{2\sqrt{\beta_1}}\zeta e^{-\zeta\sqrt{\beta_1}} \right)\varepsilon$$

$$\text{(2-50a)}$$

$$\eta_{2(\zeta)} = c_{20}e^{\zeta\sqrt{\beta_1}} + c'_{20}e^{-\zeta\sqrt{\beta_1}} + \left(c_{21}e^{\zeta\sqrt{\beta_1}} + c'_{21}e^{\zeta\sqrt{\beta_1}} + \frac{A_2}{2\sqrt{\beta_1}}\zeta e^{\zeta\sqrt{\beta_1}} - \frac{B_2}{2\sqrt{\beta_1}}\zeta e^{-\zeta\sqrt{\beta_1}} - \frac{\alpha_2}{\beta_1} \right)\varepsilon$$

$$\text{(2-50b)}$$

4. 动压近似函数解

由式 (2-37)、式 (2-40) 得

$$K = \eta(\eta_{1,\zeta} + \eta_{2,\zeta}i)e^{-i\omega} \tag{2-51}$$

则

$$y = Re\{K\} = \eta(\eta_1\cos\omega + \eta_2\sin\omega) \tag{2-52}$$

一级近似

$$\psi_1 = H + y = 1 - \eta\cos\omega + \eta(\eta_1\cos\omega + \eta_2\sin\omega) \tag{2-53}$$

二级近似

$$\psi_2 = \psi_1 + \Delta(\zeta) \tag{2-54}$$

修正值

$$\Delta(\zeta)^{[1]} = -\frac{3}{2}\beta_0\eta^2\eta_{2,\zeta}(\zeta_0 - \zeta)H \tag{2-55}$$

$$P = \psi_2/H = 1 + \eta(\eta_{1,\zeta}\cos\omega + \eta_{2,\zeta}\sin\omega)/H - \frac{3}{2}\beta_0\eta^2\eta_{2,\zeta}(\zeta_0 - \zeta) \tag{2-56}$$

（1）特定工况下实例动压计算与分析　取 Gabriel R P（1994）文献 [20] 中实验数据与本书近似算法的计算结果比较。实验气体为空气，几何运行参数为：内径 $r_i = 58.42\text{mm}$，外径 $r_o = 77.78\text{mm}$，根径 $r_r = 69\text{mm}$，介质压力（外压）$p_0 = 4.5852\text{MPa}$，环境压力（内压）$p_i = 0.1013\text{MPa}$，螺旋槽数 $n = 10$，螺旋角余角 $\alpha = 15°$，转速 $n_r = 10380\text{r/min}$，黏度 $\mu = 1.8 \times 10^{-5}\text{Pa·s}$，槽深 $2E = 5\mu\text{m}$，密封环间隙 $\delta = 3.05\mu\text{m}$。

通过式（2-56）计算获得了径向压力分布曲线 $P\text{-}\zeta$ 如图 2-10（$\phi = 0$，$\varepsilon = 0.1$）所示，从图中可以看出，气体从外径向内径泄漏时先增压后减压，函数图形呈凸形，在根径 $r_r = 69\text{mm}$ 附近处有压力最大值，这是符合"泵送"效应的，并且两曲线基本吻合。

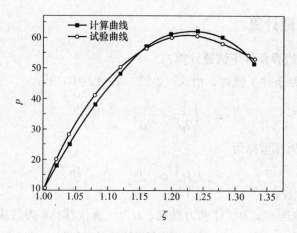

图 2-10　径向压力分布曲线图（$\phi=0$，$\varepsilon=0.1$）

P 为量纲为 1 的气膜压力。

由图 2-10 可以看出，密封端面间气膜在径向存在较大的压力梯度，气体在螺旋槽内由于受到密封堰的阻碍被逐渐压缩，压力由外径向内径逐渐升高，在槽的根部气膜压力达到最大值，然后通过密封坝产生较大的压力降。

（2）变工况下实例动压计算与分析　密封环间隙发生变化时，气膜压力分布也将发生变化。图 2-11 给出了其他参数值不变，密封环间隙 δ 取三种不同值时气膜的压力分布图。

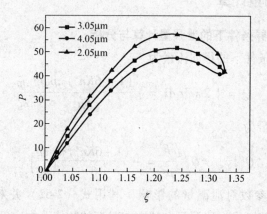

图 2-11　不同间隙下气膜的压力分布

P 为量纲为 1 的气膜压力。

由图 2-11 可看出密封环间隙减小时，动压效果增强，气膜压力增大；反之，当密封环间隙增大时，动压效果减弱甚至消失，气膜压力减小。

2.3.2 气膜流速计算

1. 一阶滑移边界条件下流速计算

一阶滑移边界条件下流速，由式（2-9）、式（2-10）得

$$v' = \left(\frac{1}{2\mu}z^2 - \frac{h}{2\mu}z - \frac{h}{2\mu}l'\right)\frac{\partial p}{\partial y} \tag{2-57}$$

将式（2-57）化为柱坐标为

$$v' = \frac{1}{r_i}\left(\frac{1}{2\mu}z^2 - \frac{h}{2\mu}z - \frac{h}{2\mu}l'\right)\frac{\partial p}{\partial \zeta} \tag{2-58}$$

式中：v 为径向流速；μ 为气体动力黏度；z 为气膜位移；h 为气膜厚度；l' 为修正的分子平均自由程；p 为气膜压力；ζ 为量纲为 1 的极径。

2. 二阶滑移边界条件下流速计算

二阶滑移边界条件下流速，由式（2-9）、式（2-11）得

$$v' = \left(\frac{1}{2\mu}z^2 - \frac{h}{2\mu}z - \frac{hl' + l^2}{2\mu}\right)\frac{\partial p}{\partial y} \tag{2-59}$$

将式（2-59）化为柱坐标为

$$v' = \frac{1}{r_i}\left(\frac{1}{2\mu}z^2 - \frac{h}{2\mu}z - \frac{hl' + l^2}{2\mu}\right)\frac{\partial p}{\partial \zeta} \tag{2-60}$$

2.3.3 气膜泄漏量计算

1. 一阶滑移边界条件下的泄漏量计算与分析

一阶滑移边界条件下的径向流量为

$$Q = \int_0^h 2\pi v' r_i \mathrm{d}z = -\frac{(1 + 6Kn')\pi p_i h^3}{6\mu}\frac{\partial p}{\partial \zeta} \tag{2-61}$$

则量纲为 1 的泄漏量为

$$Q'\,|_{\zeta=1} = Q\left/\frac{p_i h^3}{\mu}\right. = -\frac{(1 + 6Kn')\pi}{6}\left(\frac{\partial p}{\partial \zeta}\right)_{\zeta=1} \tag{2-62}$$

（1）不同操作参数对泄漏量的影响 利用式（2-62）并对式（2-56）求导，通过软件 Maple 计算可求出泄漏量在特定工况下的数值。在这里分别考虑了不同操作参数（n_r、P_0 和 μ）及槽几何参数（β 和 η）对泄漏量的影响。在研究某个参数对密封性能的影响时，假定其他参数值不变。

1）转速的影响。转速对泄漏量的影响如图 2-12 所示。由图可知，当转速增大时，泵入的气体量增加，泄漏量呈线性增加。

2）压力比的影响。在保持内径处压力 p_i 不变时（大多数情况下，螺旋槽干气密封内径处压力即为环境压力），内、外径压力比的变化反映了外径处压力（即缓冲气体压力）的变化，其对泄漏量的影响如图 2-13 所示。从图中可看出，随着压力比 P_0 的增大，由于内、外径压差的增大，泄漏量也呈线性增大。

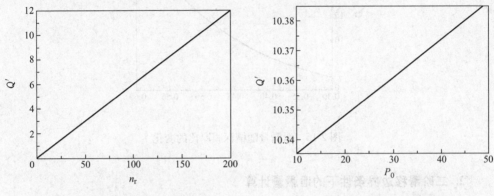

图 2-12　泄漏量随转速的变化　　　　　图 2-13　泄漏量随压力比的变化

3）黏度的影响。气体的动力黏性系数对泄漏量影响如图 2-14 所示。随着黏性系数的增加，由于气体的剪切作用加强，流动性差会使得泄漏量降低。

（2）不同几何参数对泄漏量的影响

1）螺旋角的影响。螺旋角 β 对泄漏量的影响如图 2-15 所示。从图中可以看出，螺旋角 β 对泄漏量 Q' 的影响较敏感，即其微小变化可引起泄漏量的较大变化。选择本例工况点附近情况，随着螺旋角的增大，泄漏量呈非线性变化，先增大后减小。由此可见，选择恰当的螺旋角能使泄漏量达到最小。

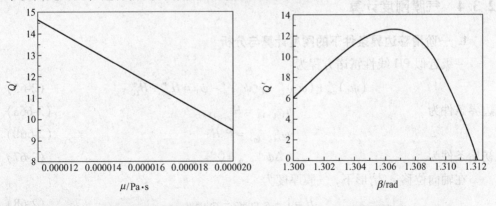

图 2-14　泄漏量随黏度的变化　　　　　图 2-15　泄漏量随螺旋角的变化

2）槽深膜厚比 $[\eta = E/(E+\delta)$，E 为槽深的一半，δ 为密封环间隙] 的影响。槽深膜厚比对泄漏量的影响如图 2-16 所示。随着槽深膜厚比的增大，泄漏量呈非线性地增大。选择本例工况，槽深膜厚比为 0.45 时其泄漏量较小。

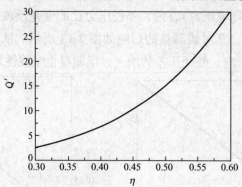

图 2-16   泄漏量随槽深膜厚比的变化

2. 二阶滑移边界条件下的泄漏量计算

二阶滑移边界条件下的径向流量为

$$Q = \int_0^h 2\pi v' r_i dz = -\frac{\left(1 + 6Kn' + \frac{2}{3}Kn'^2\right)\pi p_i h^3}{6\mu}\frac{\partial p}{\partial \zeta} \tag{2-63}$$

则量纲为 1 的泄漏量为

$$Q'\Big|_{\zeta=1} = Q\Big/\frac{p_i h^3}{\mu} = -\frac{\left(1 + 6Kn' + \frac{2}{3}Kn'^2\right)\pi}{6}\left(\frac{\partial p}{\partial \zeta}\right)_{\zeta=1} \tag{2-64}$$

2.3.4   气膜刚度计算

1. 一阶滑移边界条件下的刚度计算与分析

一级近似 PH 线性雷诺方程为

$$(\psi_1)''_{\varphi\varphi} + (\psi_1)''_{\zeta\zeta} - \chi(\psi_1)'_{\varphi} - \dot{\psi}_1 = H''_{\varphi\varphi} + H''_{\zeta\zeta} \tag{2-65}$$

边界条件为

$$\psi_{1(\zeta=1)} = H_{(\zeta=1)} \tag{2-66a}$$

$$\psi_{1(\zeta=\zeta_0)} = P_0 H \tag{2-66b}$$

初始条件为

$$\Delta\psi\Big|_{\tau=0} = 0 \tag{2-67}$$

在轴向位移 ε_z 情形下，气膜厚度为

$$H = 1 - \varepsilon_z \cos\varphi - \eta\cos w \tag{2-68}$$

其中：$w = n\varphi + \beta_0\zeta$，$\beta_0 = n\tan\alpha$，$\eta = \dfrac{E}{\delta + E}$。

在润滑层中压力小的变化可用其变分 Δp 描述，对方程组（2-65）~式（2-68）做

变分运算,即

$$\Delta\psi''_{\varphi\varphi} + \Delta\psi''_{\zeta\zeta} - \chi\Delta\psi'_{\varphi} - \Delta\dot{\psi} = \Delta H''_{\varphi\varphi} + \Delta H''_{\zeta\zeta} \tag{2-69}$$

$$\Delta\psi_{(\zeta=1)} = \Delta H_{(\zeta=1)} \tag{2-70a}$$

$$\Delta\psi_{(\zeta=\zeta_0)} = P_0\Delta H \tag{2-70b}$$

$$\Delta H = -\Delta\varepsilon_z\cos\varphi \tag{2-71}$$

$$\Delta\psi\mid_{\tau=0} = 0 \tag{2-72}$$

压力 P、函数 ψ 和 H 相应稳态值将用 P_0、ψ_0 和 H_0 表示。

令 $\psi = H + y$,

则

$$\Delta y''_{\varphi\varphi} + \Delta y''_{\zeta\zeta} - \chi\Delta y'_{\varphi} - \Delta\dot{y} = \chi\Delta H'_{\varphi} + \Delta\dot{H} \tag{2-73}$$

$$\Delta y_{(\zeta=1)} = 0 \tag{2-74a}$$

$$\Delta y_{(\zeta=\zeta_0)} = (P_0 - 1)H \tag{2-74b}$$

$$\Delta H = -\Delta\varepsilon_z\cos\varphi \tag{2-75}$$

$$\Delta y_{(\tau=0)} = 0 \tag{2-76}$$

$$\Delta p = \frac{1}{H_0}\Delta y - \frac{1}{H_0^2}y_0\Delta H \tag{2-77}$$

$$F = 2\pi\int_{r_1}^{r_0} rp\mathrm{d}r \tag{2-78}$$

$$\Delta F = 2\pi\int_{r_1}^{r_0} r\Delta p\mathrm{d}r \tag{2-79}$$

无量纲化

$$\Delta F = 2\pi\int_1^{\zeta_0} r_i^2\zeta\Delta p\mathrm{d}\zeta p_i \tag{2-80}$$

$$\frac{\Delta F}{\pi r_i^2 p_i} = 2\int_1^{\zeta_0}\zeta\Delta p\mathrm{d}\zeta = 2\int_1^{\zeta_0}\zeta\left(\frac{1}{H_0}\Delta y - \frac{1}{H_0^2}y_0\Delta H\right)\mathrm{d}\zeta \tag{2-81}$$

定义量纲为 1 的轴向刚度为

$$\overline{K} = \left[\frac{\Delta F}{\pi r_i^2 p_i}\bigg/\Delta\varepsilon_z\right]_{\tau=0} \tag{2-82}$$

$$\overline{K} = 2\int_1^{\zeta_0}\zeta\frac{y_0}{H_0^2}\mathrm{d}\zeta \tag{2-83}$$

将式 (2-24) 和式 (2-46) 代入式 (2-83) 得

$$\overline{K} = 2\int_1^{\zeta_0}\zeta\frac{\eta(\eta_1\cos\omega + \eta_2\sin\omega)}{(1 - \eta\cos w_0)^2}\mathrm{d}\zeta \tag{2-84}$$

(1) 特定工况下实例动态分析和验证 选取文献 [21] 中实验参数计算轴向刚度 $\overline{K}$。实验气体为空气,几何运行参数为:内径 $r_i = 58.42\mathrm{mm}$,外径 $r_o =$

77.78mm，介质压力外压 $p_o = 4.5852$MPa，环境压力 $p_i = 0.1013$MPa，螺旋槽数 $n = 10$，螺旋角 $\beta = 75°$，转速 $n = 10380$r/min，黏度 $\mu = 1.8 \times 10^{-5}$Pa·s，槽深 $2E = 5\mu$m，密封环间隙 $\delta = 3.05\mu$m。

通过软件 Maple 对式（2-84）进行近似积分计算，获得了轴向刚度 $\overline{K}$ 与槽深比 η、螺旋角 β 的三维关系曲面如图 2-17 所示。为了更清楚的显示 η 和 β 的最佳值，又分别采用了二维坐标图来表示。从图 2-17 中马鞍形曲面可知 β 对 $\overline{K}$ 的影响较敏感，即 β 的微小变化可引起 $\overline{K}$ 的较大变化，这一特点又可从图 2-18 气膜轴向刚度 $\overline{K}$ 与 β 的关系曲线中可明显看出，$\overline{K}$ 最大时，β 的最佳值为 1.3109 弧度 = 75°06′36″与实验数据 $\beta = 75°$ 相差无几，说明了涡动刚度近似函数表达式的正确性。而 η 对 $\overline{K}$

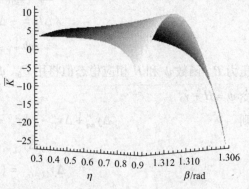

图 2-17　轴向刚度 $\overline{K}$ 与螺旋角 β、
槽深比 η 的关系曲面图

影响较迟钝，从气膜轴向刚度 $\overline{K}$ 与 η 的关系曲线图 2-19 中可看出，η 在 $0.3 \sim 0.5$ 发生变化时，可看出气膜轴向刚度的变化量不大，气膜轴向刚度 $\overline{K}$ 随槽深比 η 增大而增大，无极值点。

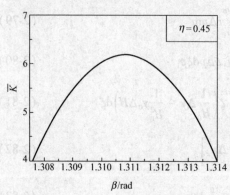

图 2-18　轴向刚度 $\overline{K}$ 与螺旋角 β
的关系曲线

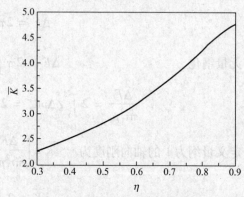

图 2-19　轴向刚度 $\overline{K}$ 与 η 的关系
曲线图（$\beta = 1.3109$）

（2）变工况下实例动态分析

1）不同密封介质黏度的最佳螺旋角计算及分析。将上例的密封介质空气用压缩天然气（$\mu = 1.5 \times 10^{-5}$Pa·s）或氮气（$\mu = 1.7 \times 10^{-5}$Pa·s）代替，利用解析式（2-84），求得了三种气体介质的气膜轴向刚度 $\overline{K}$ 与螺旋角 β 的关系曲线如图 2-

20 所示。由于三种气体介质动力黏度变化微小，$\overline{K}$-β 的关系曲线几乎重合，最大气膜轴向刚度和最佳螺旋角近似相等。

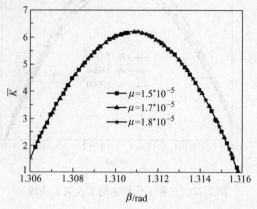

图 2-20　三种密封介质黏度的 $\overline{K}$-β 关系曲线

2）不同密封介质压力的最佳螺旋角计算及分析。将上例的密封介质压力 p_o 减少为 1MPa 和 2MPa，利用解析式（2-84），求得了三种压力下的 $\overline{K}$-β 关系曲线如图 2-21 所示。随着介质压力的增大，气膜轴向刚度也增大且变化幅度较大，稳定性越好，但最佳的螺旋角几乎不变仍为 $\beta_{opt} = 75°06'36''$。

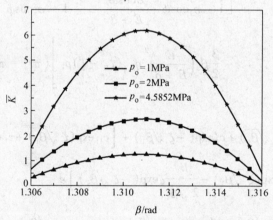

图 2-21　三种密封介质压力的 $\overline{K}$-β 关系曲线

3）不同工作转速的最佳螺旋角计算及分析。将上例的工作转速 n_r 上升为 11000r/min 和 12000r/min，利用解析式（2-84），分别求得了三种转速下的 $\overline{K}$-β 关系曲线（图 2-22）。随着工作转速的增大，气膜涡动刚度变大，稳定性越好，但最佳的螺旋角仍为 $\beta_{opt} = 75°06'36''$。

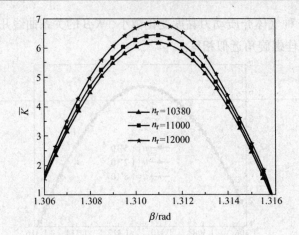

图 2-22　三种工作转速的 $\overline{K}$-β 关系曲线

2. 二阶滑移边界条件下的刚度计算与分析

利用 PH 线性化方法、迭代法对非线性雷诺方程式（2-19）近似求解，获得二阶滑移边界条件下气膜推力函数表达式为

$$F = 2\pi \int_{r_i}^{r_o} rp\mathrm{d}r = \left[\frac{p_i}{1 - \varepsilon_z \cos\phi - \dfrac{E\cos\omega}{E + \delta}} + \frac{\dfrac{Ep_i}{E + \delta}(\eta_{1,\zeta}\cos\omega + \eta_{2,\zeta}\cos\omega)}{1 - \varepsilon_z \cos\phi - \dfrac{E\cos\omega}{E + \delta}} \right.$$

$$\left. - \frac{3}{2}\beta_0 \left(\frac{E}{E + \delta} \right)^2 \eta_{2,\zeta}(\zeta_0 - \zeta) p_i \right] (\pi r_o^2 - \pi r_i^2) \tag{2-85}$$

其中，

$$\eta_{1,\zeta} = c_{10}\exp(\zeta\sqrt{\beta_1}) + c'_{10}\exp(-\zeta\sqrt{\beta_1}) + \left[c_{11}\exp(\zeta\sqrt{\beta_1}) + c'_{11}\exp(-\zeta\sqrt{\beta_1}) + \right.$$

$$\left. \frac{A_1}{2\sqrt{\beta_1}}\zeta\exp(\zeta\sqrt{\beta_1}) - \frac{B_1}{2\sqrt{\beta_1}}\zeta\exp(-\zeta\sqrt{\beta_1}) \right] \varepsilon$$

$$\eta_{2,\zeta} = c_{20}\exp(\zeta\sqrt{\beta_1}) + c'_{20}\exp(-\zeta\sqrt{\beta_1}) + \left[c_{21}\exp(\zeta\sqrt{\beta_1}) + c'_{21}\exp(-\zeta\sqrt{\beta_1}) + \right.$$

$$\left. \frac{A_2}{2\sqrt{\beta_1}}\zeta\exp(\zeta\sqrt{\beta_1}) - \frac{B_2}{2\sqrt{\beta_1}}\zeta\exp(-\zeta\sqrt{\beta_1}) - \frac{\alpha_2}{\beta_1} \right] \varepsilon$$

式中，$\beta_1 = \beta_0^2 + n^2$。

气膜刚度，又称干气密封气膜的轴向刚度，为气膜推力 F 随密封环间隙 δ 变化曲线的斜率，即

$$K_g = \frac{\mathrm{d}F}{\mathrm{d}\delta} \tag{2-86}$$

根据式（2-85）、式（2-86）得二阶滑移边界条件下气膜刚度函数表达式为

$$K_g = \frac{Ep_i(\pi r_o^2 - \pi r_i^2)}{(\delta + E)^2 \left(1 - \varepsilon_z \cos\phi - \dfrac{E\cos\omega}{\delta + E}\right)^2} \times \big((\eta_{1,\zeta}\cos\omega\cos\phi\varepsilon_z + \eta_{2,\zeta}\sin\omega\cos\omega\varepsilon_z) -$$

$$(\eta_{1,\zeta}\cos\omega + \eta_{2,\zeta}\sin\omega + \cos\omega)\big) + 3(\pi r_o^2 - \pi r_i^2)p_i\beta_0\eta_{2,\zeta}(\zeta_0 - \zeta)E^2(\delta + E)^{-3} \tag{2-87}$$

（1）二阶滑移边界条件下气膜刚度、密封环间隙和介质压力的关系　取样机动环尺寸：内径 $r_i = 28.8\mathrm{mm}$，外径 $r_o = 40\mathrm{mm}$，根径 $r_r = 33.5\mathrm{mm}$，螺旋槽数 $n = 12$，螺旋槽深度 $2E = 5\mu\mathrm{m}$，螺旋角 $\beta = 73°24'18''$。取介质压力范围为 $0.3 \sim 3\mathrm{MPa}$，密封环间隙范围为 $3 \sim 5\mu\mathrm{m}$，运用 MAPLE 软件求解得到二阶滑移边界条件下气膜厚度、密封环间隙和介质压力间的关系，如图 2-23 所示。从图 2-23 中可看出，随着密封环间隙的增加，气膜刚度也随之减小，且呈非线性关系；随着介质压力的增加，气膜刚度也随之增加，且呈线性关系。

（2）二阶滑移边界条件下气膜刚度、密封环间隙和转速的关系　取样机动环尺寸：内径 $r_i = 28.8\mathrm{mm}$，外径 $r_o = 40\mathrm{mm}$，根径 $r_r = 33.5\mathrm{mm}$，螺旋槽数 $n = 12$，螺旋槽深度 $2E = 5\mu\mathrm{m}$，螺旋角 $\beta = 73°24'18''$。取密封环间隙范围为 $3 \sim 5\mu\mathrm{m}$，转速范围为 $100 \sim 11822\mathrm{r/min}$，运用 Maple 软件求解得到二阶滑移边界条件下气膜刚度、密封环间隙和转速间的关系，如图 2-24 所示。从图 2-24 中可看出，随着密封环间隙的增加，气膜刚度也随之减少，密封环间隙和气膜刚度成非线性关系。随着转速的增加，气膜刚度也随之增大。

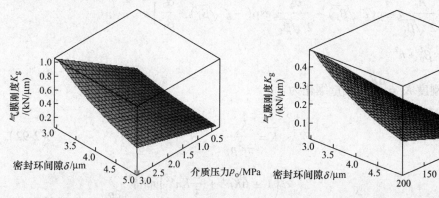

图 2-23　气膜刚度、密封环间隙和　　　　　图 2-24　气膜刚度、密封环间隙和
　　　介质压力间关系示意图　　　　　　　　　　　　转速之间的关系示意图

2.4　基于二阶滑移边界条件的螺旋槽干气密封协调优化

2.4.1　二阶滑移边界条件下刚漏比的解析式

二阶滑移边界条件下，量纲为 1 的气膜压力为

$$\bar{p} = 1 + \eta(\eta_{1,\zeta}\cos\omega + \eta_{2,\zeta}\cos\omega)/H \tag{2-88}$$

气膜压力为

$$p = \bar{p}p_i \tag{2-89}$$

气膜推力为

$$F = 2\pi\int_{r_i}^{r_o} rp\mathrm{d}r \tag{2-90}$$

气膜推力无量纲化为

$$\bar{F} = F/\pi r_i^2 p_i \tag{2-91}$$

其中，

$$\eta_{1,\zeta} = c_{10}\exp(\zeta\sqrt{\beta_1}) + c_{10}'\exp(-\zeta\sqrt{\beta_1}) + \left[c_{11}\exp(\zeta\sqrt{\beta_1}) + c_{11}'\exp(-\zeta\sqrt{\beta_1}) + \right.$$

$$\left. \frac{A_1}{2\sqrt{\beta_1}}\zeta\exp(\zeta\sqrt{\beta_1}) - \frac{B_1}{2\sqrt{\beta_1}}\zeta\exp(-\zeta\sqrt{\beta_1}) \right]\varepsilon$$

$$\eta_{2,\zeta} = c_{20}\exp(\zeta\sqrt{\beta_1}) + c_{20}'\exp(-\zeta\sqrt{\beta_1}) + \left[c_{21}\exp(\zeta\sqrt{\beta_1}) + c_{21}'\exp(-\zeta\sqrt{\beta_1}) + \right.$$

$$\left. \frac{A_2}{2\sqrt{\beta_1}}\zeta\exp(\zeta\sqrt{\beta_1}) - \frac{B_2}{2\sqrt{\beta_1}}\zeta\exp(-\zeta\sqrt{\beta_1}) - \frac{\alpha_2}{\beta_1} \right]\varepsilon$$

式中，$\beta_1 = \beta_0^2 + n^2$。

气膜刚度 $K_g = \dfrac{\mathrm{d}F}{\mathrm{d}\delta}$，无量纲化为

$$\bar{K} = \frac{K_g}{\pi r_i^2 p_i} \tag{2-92}$$

泄漏量 $Q\big|_{\zeta=1} = \displaystyle\int_0^h 2\pi v r_i \mathrm{d}z = -\frac{\left(1 + 6Kn' + \dfrac{2}{3}Kn'^2\right)\pi p_i h^3}{6\mu}\frac{\partial p}{\partial\zeta}\bigg|_{\zeta=1}$，无量纲化，

则

$$Q'\big|_{\zeta=1} = Q \Big/ \frac{p_i h^3}{\mu} = -\frac{\left(1+6Kn'+\frac{2}{3}Kn'^2\right)\pi}{6}\left(\frac{\partial p}{\partial \zeta}\right)_{\zeta=1} \qquad (2\text{-}93)$$

刚漏比为

$$T = \frac{\overline{K}}{Q'} \qquad (2\text{-}94)$$

式中：$\omega = n\varphi + \beta_0\zeta$；$\beta_0 = n\tan\alpha$；$\eta = \dfrac{E}{\delta+E}$；$H = 1 - \varepsilon_z\cos\varphi - \eta\cos\omega$。

螺旋槽几何参数优化约束条件：①螺旋角：$70° \leqslant \beta \leqslant 80°$；②密封环间隙：$3\mu m \leqslant \delta \leqslant 5\mu m$；③槽深：$4\mu m \leqslant 2E \leqslant 20\mu m$。

2.4.2　二阶滑移边界条件下刚漏比协调优化

取样机动环尺寸：内径 $r_i = 28.8mm$，外径 $r_O = 40mm$，根径 $r_r = 33.5mm$，螺旋槽深度 $2E = 8\mu m$，介质压力 $p_0 = 0.5MPa$，转速 $n_r = 3000r/min$，气体黏度 $\mu = 1.81 \times 10^{-5}Pa \cdot s$，内径处环境压力 $p_i = 0.1013MPa$，外径处介质压力 $p_o = 9.45MPa$。求：最佳的螺旋角 β_{opt}，最佳的槽深比 η_{opt}。

运用 Maple 软件对式（2-94）进行近似求解，求得二阶滑移边界条件下刚漏比 T、槽深比 η 和螺旋角 β 间的三维关系如图 2-25，从图 2-25 中可看出，刚漏比 T 具有两个峰值，且最大值应在 $\eta = 0.5 \sim 0.7$，$\beta = 1.27 \sim 1.314$ 的范围内。为了精确获得其最佳值，又分别获得了刚漏比 T 与螺旋角 β、刚漏比 T 与槽深比 η 的二维关系如图 2-26、图 2-27。从图 2-26、图 2-27 可知，刚漏比 T 最大时最佳的螺旋角 $\beta_{opt} = 1.281$ 弧度 $= 73°24'18''$；最佳的槽深比 $\eta_{opt} = 0.532$；密封环间隙 $\delta = 3.25\mu m$。

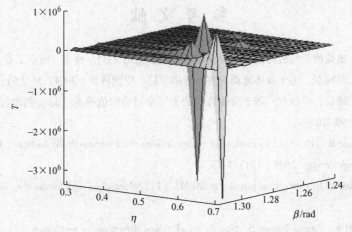

图 2-25　刚漏比 T 与螺旋角 β、槽深比 η 的关系曲面图

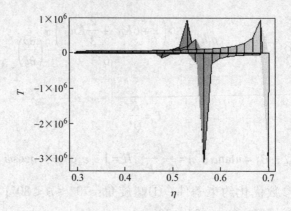

图 2-26　刚漏比 T 与槽深比 η 的关系曲线图

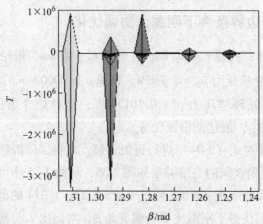

图 2-27　刚漏比 T 与螺旋角 β 的关系曲线图

参 考 文 献

［1］　蒋小文. 螺旋槽干气密封数值模拟及其槽形参数优化 ［D］. 南京：南京工业大学，2004.

［2］　吴承伟，马国军. 关于流体流动的边界滑移 ［J］. 中国科学，2004，34（6）：681-690.

［3］　许鹏先，潘琦，申改章. 基于滑移边界的干气密封的数值模拟 ［J］. 润滑与密封，2007，32（5）：98-101.

［4］　Gad-el-Hak M. The fluid mechanics of micro devices-the freemanscholar lecture ［J］. Journal of Fluids Engineering, 1999, 121：5-33.

［5］　Gad-el-Hak M Review：flow physics in MEMS ［J］. Mécanique and Industries, 2001, 2：313-341.

［6］　Kassner M E, Nemat-Nasser S, Suo Z, et al. New directions in mechanics ［J］. Mechanics of Materials, 2005, 37：231-259.

[7]　王彤，徐洁，谷传纲. 微尺度效应对螺旋槽干气密封的影响［J］. 工程热物理学报，2004（S1）：39-42.

[8]　德洛芝道维奇 B H. 动压气浮轴承［M］. 郑丽珠，译. 北京：国防工业出版社，1982.

[9]　杜兆年，丁雪兴，俞树荣，等. 轴向微扰下干气密封螺旋槽润滑气膜的稳定性分析［J］. 润滑与密封，2006（10）：127.130.

[10]　丁雪兴，陈德林，张伟政，等. 螺旋槽干气密封微尺度流动场的近似计算及其参数优化［J］. 应用力学学报，2007，24（3）：425-428.

[11]　丁雪兴，王悦，张伟政，等. 螺旋槽干气密封润滑气膜角向涡动的稳定性分析［J］. 北京化工大学学报，2008，35（2）：82-86.

[12]　丁雪兴. 干气密封螺旋槽润滑气膜的稳、动态特性研究［D］. 兰州：兰州理工大学，2008.

[13]　尹晓妮，彭旭东. 考虑滑移流条件下干式气体端面密封的有限元分析［J］. 润滑与密封，2006（4）：55-57.

[14]　丁雪兴，蒲军军，韩明君，等. 基于二阶滑移边界的螺旋槽干气密封气膜刚度计算与分析［J］. 机械工程学报，2011，47（23）：119-124.

[15]　丁雪兴，蒲军军，韩明君，等. 基于二阶滑移边界的螺旋槽干气密封协调优化［J］. 中国石油大学学报（自然科学版），2012，36（3）：140-145.

[16]　丁雪兴，苏虹，蒲军军，等. 基于二阶滑移边界的螺旋槽干气密封泄漏量计算与分析［J］. 应用力学学报，2013，30（1）：49-53.

[17]　吴望一. 流体力学［M］. 北京：北京大学出版社，1995.

[18]　周恒，刘延柱. 气体动压轴承的原理及计算［M］. 北京：国防工业出版社，1981.

[19]　Beskok A, Kamiadakis G E, Trimmer W. Rarefaction and compressibility effects in gas micro flows［J］. Journal of Fluids Engineering, 1996, 118 (5)：448-456.

[20]　Gabriel R P. Fundamentals of spiral groove non-contacting face seals［J］. Lubrication Engineering, 1994, 50 (2)：215-224.

第 3 章　基于热力耦合变形的干气密封流场的计算及其优化

3.1　干气密封的热弹变形及其流动特性分析

随着干气密封在离心压缩机、离心泵、膨胀机、汽轮机及其他高速高压机器中的广泛应用[1]，干气密封的工况从常温、常压扩大到高温、高压（如核电设备的轴端干气密封）。大压降引起的温度耗散和摩擦热产生的温升会对气膜流动规律产生影响[2]，同时温升会使干气密封的动静环发生变形，从而导致干气密封的运行不稳定，泄漏量变大。因此，除干气密封气膜进行微尺度流动研究以外还要考虑传热的问题。气膜温度的计算，在工程中将为干气密封降温提供参考依据[3]。

Sparrow 等[4]指出，在边界上速度滑移和温度跳跃是相互影响的。姜培学等[5]对微小槽道内流体的流动和传热与常规尺度差异的原因和机理进行了分析，发现有速度滑移和温度跳跃的滑流区，速度滑移和温度跳跃导致阻力系数减小。Offermann 等[6,7]应用热弹变形等理论，在非绝热条件下研究了热弹效应对载荷的影响。彭旭东等[8]应用热弹变形等理论，在高压高速条件下，采用有限元法研究了热弹变形对机械密封性能的影响。虽然经过 40 多年的发展，气体轴端密封以其优良的性能已经在工业生产领域中得到广泛的应用，在动力学理论研究上也取得了一定的进展，但关于气体轴端密封特性的理论及相关试验数据仍相对缺乏，这方面还需要开展大量的工作。

本节着重研究微尺度内热弹变形的流动特性。过程为：由速度滑移边界条件，求出螺旋槽内的压力场分布，推导出干气密封气膜的无热耗散能量方程及有热耗散能量方程。将温度阶跃边界条件引入气膜的无热耗散和有热耗散的能量方程中，进而联立气膜的压力、速度和能量方程，通过 MATLAB 软件进行数值计算得到气膜的温度分布；由气膜的温度分布，得到密封环内的热弹变形量，继而求出气膜厚度和泄漏量；最后，将无热弹变形的理论泄漏量、有热弹变形的理论泄漏量及考虑热耗散的热弹变形理论泄漏量与实测泄漏量相比较，从而分析了螺旋槽干气密封内部的流动特性。

3.1.1 干气密封气膜的温度场计算

1. 螺旋槽内气膜速度和压力分布

（1）气膜压力 干气密封在滑移边界条件下的雷诺方程表达式[9]为

$$\frac{\partial}{\partial x}\left[\frac{ph^3}{\mu}(1+6Kn)\frac{\partial p}{\partial x}\right] + \frac{\partial}{\partial y}\left[\frac{ph^3}{\mu}(1+6Kn)\frac{\partial p}{\partial y}\right] = 6U_0\frac{\partial(\rho h)}{\partial x} \tag{3-1}$$

式中：Kn 为克努森数，$Kn = l'/h$，$0.001 \leqslant Kn \leqslant 0.1$；$U_0 = 2\pi n_r r_i$ 为干气密封密封环内径线速度（m/s）。将式（3-1）无量纲化，可得

$$\frac{\partial}{\partial \varphi}\left[PH^3\frac{\partial P}{\partial \varphi}\right] + \frac{\partial}{\partial \zeta}\left[PH^3\frac{\partial P}{\partial \zeta}\right] = \chi\frac{\partial(PH)}{\partial \varphi} \tag{3-2}$$

式中：χ 为滑移边界条件下可压缩性系数，$\chi = \Lambda/(1+6Kn')$；Λ 为可压缩性系数，$\Lambda = 12\pi\mu n_r r_i^2/p_i(\delta + E)^2$；$\zeta$ 为量纲为 1 的极径，$\zeta = r/r_i$；r 为密封环半径（m）；E 为槽深一半（m）；δ 为密封环间隙（m）；P 为量纲为 1 的气膜压力 $p = p/p_i$，p 为气膜压力（MPa），p_i 为环境压力（MPa）。利用 PH 线性化方法和迭代法对干气密封中的非线性雷诺方程[式（3-2）]进行近似求解，从而得出螺旋槽干气密封的气膜压力计算式[10]：

$$P = \psi_2/H = 1 + \eta(\eta_{1,\zeta}\cos\omega + \eta_{2,\zeta}\sin\omega)/H - \frac{3}{2}\beta_0\eta^2\eta_{2,\zeta}(\zeta_0 - \zeta) \tag{3-3}$$

式中：$\eta = E/(E+\delta)$；β_0 为槽斜度系数；η 为槽深比；ω 为当量螺旋角。

气膜压力边界条件：$\zeta = 1$ 时，$P = 1(p = p_i)$；$\zeta = \zeta_0$ 时，$P = p_o/p_i$，p_o 为介质压力（MPa），$\zeta_0 = r_0/r_i$。

$$\eta_{1,\zeta} = c_{10}e^{\zeta\sqrt{\beta_1}} + c_{10}'e^{-\zeta\sqrt{\beta_1}} + \left(c_{11}e^{\zeta\sqrt{\beta_1}} + c_{11}'e^{-\zeta\sqrt{\beta_1}} + \frac{A_1}{2\sqrt{\beta_1}}\zeta e^{\zeta\sqrt{\beta_1}} - \frac{B_1}{2\sqrt{\beta_1}}\zeta e^{-\zeta\sqrt{\beta_1}}\right)\varepsilon$$

$$\eta_{2,\zeta} = c_{20}e^{\zeta\sqrt{\beta_1}} + c_{20}'e^{-\zeta\sqrt{\beta_1}} + \left(c_{21}e^{\zeta\sqrt{\beta_1}} + c_{21}'e^{-\zeta\sqrt{\beta_1}} + \frac{A_2}{2\sqrt{\beta_1}}\zeta e^{\zeta\sqrt{\beta_1}} - \frac{B_2}{2\sqrt{\beta_1}}\zeta e^{-\zeta\sqrt{\beta_1}} - \frac{\alpha_2}{\beta_1}\right)\varepsilon$$

上面两式中：$\beta_1 = \beta_0^2 + n^2$；$n$ 为螺旋槽数；A_1、A_2、B_1、B_2、c_{10}、c_{10}'、c_{11}、c_{11}'、c_{20}、c_{20}'、c_{21}、c_{21}' 为积分常数；ε 为迭代摄动小参数。

实例压力计算与分析

干气密封样机尺寸：内半径 $r_i = 70.6$mm，外半径 $r_o = 90.25$mm，根半径 $r_r = 80.5$mm，螺旋槽数 $n = 12$，槽深 $2E = 6\mu m$，当量螺旋角 $\omega = 75.1°$。工艺参数：介质压力 $p_o = 10$MPa，环境压力 $p_i = 101.3$kPa，介质气体为 N_2，转速 $n_r = 8700$r/min。

将干气密封样机尺寸参数和工艺参数代入式（3-3）中，利用 Maple 进行程序编程，求出干气密封的气膜压力 P 随量纲为 1 的极径 ζ 变化曲线（图 3-1），然后通过

最小二乘法原理对气膜压力曲线进行拟合，从而得到干气密封气膜的压力表达式为

$$P = -145.8924\zeta^4 + 653.1095\zeta^3 - 6165.6479\zeta^2 + 12718.6326\zeta - 7059.2069$$

$$(3-4)$$

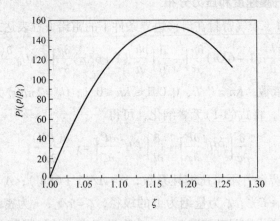

图 3-1　气膜压力 P 随量纲为 1 的极径 ζ 变化的曲线

由图 3-1 可以看出，随着介质气体从密封环的外径流入内径，干气密封端面间气膜的压力升高；当气体到达槽根部附近时气膜压力达到最大，然后随着气体从根径流入内径气膜压力逐渐降低。

（2）气膜速度　干气密封气膜二阶速度滑移边界条件如下[9]：

$z = 0$ 时

$$\begin{cases} u = U_0 + l'\dfrac{\partial u}{\partial z} - \dfrac{l^2}{2}\dfrac{\partial^2 u}{\partial z^2} \\[2mm] v = l'\dfrac{\partial v}{\partial z} - \dfrac{l^2}{2}\dfrac{\partial^2 v}{\partial z^2} \end{cases}$$

$$(3-5)$$

$z = h$ 时

$$\begin{cases} u = -l'\dfrac{\partial u}{\partial z} - \dfrac{l^2}{2}\dfrac{\partial^2 u}{\partial z^2} \\[2mm] v = -l'\dfrac{\partial v}{\partial z} - \dfrac{l^2}{2}\dfrac{\partial^2 v}{\partial z^2} \end{cases}$$

$$(3-6)$$

式中：$l' = (2 - \sigma_v)l/\sigma_v$，$\sigma_v$ 为分子切向动量调节系数，l 为分子自由程（m）；u 和 v 分别为气膜的周向速度和径向速度（m/s）；U_0 为密封环内径线速度（m/s）。

N-S 方程的一般式为

$$\rho\frac{\mathrm{d}v}{\mathrm{d}t} = \rho F - \nabla p + \mu\nabla^2 v + \frac{1}{3}\mu\nabla(\nabla\cdot v)$$

$$(3-7)$$

式中：p 为气膜压力（MPa），$p = Pp_i$；其中 P 为量纲为 1 的气膜压力；p_i 为环境压力（MPa）；μ 为气体的动力黏度（Pa·s）。

稳态下将干气密封的密封环端面间的气体流动假定为两板间气体流动力学模型，可得到简化的直角坐标系中的 N-S 方程

$$\begin{cases} \dfrac{\partial p}{\partial x} = \dfrac{\partial}{\partial z}\left(\mu\,\dfrac{\partial u}{\partial z}\right) \\[2mm] \dfrac{\partial p}{\partial y} = \dfrac{\partial}{\partial z}\left(\mu\,\dfrac{\partial v}{\partial z}\right) \end{cases} \tag{3-8}$$

根据二阶速度滑移边界条件式（3-5）和式（3-6），并联立式（3-8），可求得气膜周向速度 u 和径向速度 v 的表达式[11]。

$$\begin{cases} u = \dfrac{1}{2\mu r_i}(z^2 - hz - hl')\dfrac{\partial p}{\partial \varphi} + U_0\left(1 - \dfrac{z+l'}{h}\right) \\[2mm] v = \dfrac{1}{2\mu r_i}(z^2 - hz - hl')\dfrac{\partial p}{\partial \zeta} \end{cases} \tag{3-9}$$

联立式（3-4）、式（3-9），通过 MATLAB 软件编程求解得到气膜速度随密封环径向和气膜厚度方向变化的曲面如图 3-2 所示。

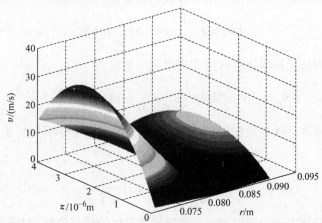

图 3-2　气膜速度 v 随密封环半径 r 和气膜厚度方向 z 变化的曲面

从图 3-2 可以看出：在密封环径向（r 方向），随着气体从外径流入内径，密封环端面间气膜速度的分布规律是先降低后升高，槽根部周围速度较低；在气膜厚度方向（z 方向，其垂直于 dr 和 dθ），气膜中间位置速度较高。

2. 气膜能量微分方程及温度阶跃边界条件

（1）气膜能量微分方程　稳态下，由对流换热过程控制方程组的推导[12]，来

推导螺旋槽干气密封气膜的能量方程，图 3-3 为气膜微元控制体热平衡模型。针对图示的微元控制体，能量以扩散和对流的方式进出微元控制体。考虑到轴的转速，可以忽略环向的温度波动。所以，下面研究径向能量的进出及膜厚方向 z（垂直于 dr 及 $d\theta$）的能量进出。

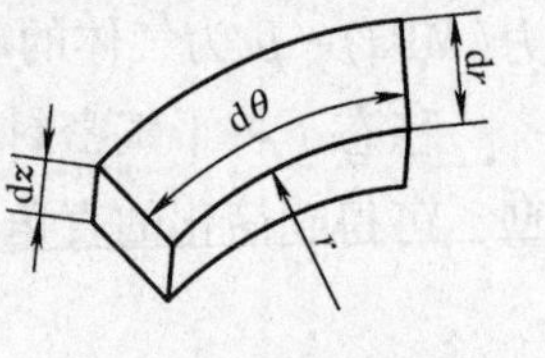

图 3-3　气膜微元控制体热平衡模型

首先，只考虑径向。通过扩散作用进出微元控制体的热流量为

$$d\Phi_{\lambda,r} = q_{\lambda,r} r d\theta = -\lambda \frac{\partial T}{\partial r} r d\theta$$

$$d\Phi_{\lambda,r+dr} = q_{\lambda,r+dr}(r+dr) d\theta = -\lambda \frac{\partial}{\partial r}\left(T + \frac{\partial T}{\partial r} dr\right)(r+dr) d\theta$$

通过对流作用进、出微元控制体的热流量为

$$d\Phi_{h,r} = q_{h,r} r d\theta = \rho v c_p T r d\theta$$

$$d\Phi_{h,r+dr} = q_{h,r+dr}(r+dr) d\theta = \rho c_p\left(v + \frac{\partial v}{\partial r} dr\right)\left(T + \frac{\partial T}{\partial r} dr\right)(r+dr) d\theta$$

则微元控制体在单位时间内由扩散所吸收的热量为

$$d\Phi_\lambda = \lambda \frac{\partial T}{\partial r} dr d\theta + \lambda r \frac{\partial^2 T}{\partial r^2} dr d\theta$$

单位时间内微元控制体由对流作用得到的热量为

$$d\Phi_h = -\rho c_p v T dr d\theta - \rho c_p v r \frac{\partial T}{\partial r} dr d\theta - \rho c_p T r \frac{\partial v}{\partial r} dr d\theta$$

考虑由于流体黏性耗散作用所产生的热量[12]，将耗散项化简成同时柱坐标下的形式为

$$\Phi = \frac{2\mu}{r_i^2}\left(\frac{\partial u}{\partial \varphi}\right)^2 + 2\mu\left(\frac{\partial v}{\partial r}\right)^2$$

根据能量守恒定理，同时考虑 z 方向扩散产生的热量变化（对流忽略），结合以上各式，则推出的干气密封气膜的能量微分方程为[13]

$$\rho c_p\left(vT + vr\frac{\partial T}{\partial r} + Tr\frac{\partial v}{\partial r}\right) = \lambda\left(\frac{\partial T}{\partial r} + r\frac{\partial^2 T}{\partial r^2} + \frac{\partial^2 T}{\partial z^2}\right) + \frac{2\mu}{r_i^2}\left(\frac{\partial u}{\partial \varphi}\right)^2 + 2\mu\left(\frac{\partial v}{\partial r}\right)^2 \quad (3\text{-}10)$$

式中：T 为气膜温度（K）；ρ 为气体密度（kg/m³）；u、v 分别为气膜的周向速度和径向速度（m/s）；c_p 为气体的比定压热容 [kJ/(kg·K)]；λ 为热导率 [W/(m·K)]；μ 为气体的动力黏度（Pa·s）。

（2）温度阶跃边界条件[14,15]

$$
\begin{cases}
z = \dfrac{h}{2}, \dfrac{\partial T}{\partial z} = 0 \\[2mm]
z = 0, T_s - T_w = \zeta_T \left(\dfrac{\partial T}{\partial z} \right)_s
\end{cases}
\tag{3-11}
$$

式中：T_w 为密封环壁面温度（K）；T_s 为相邻壁面气膜温度（K）；ζ_T 为温度阶跃系数。

$$
\zeta_T = l \frac{2 - \sigma_T}{\sigma_T} \frac{\gamma}{1 + \gamma} \frac{2}{Pr}
\tag{3-12}
$$

式中：σ_T 热协调系数；比热容比 $\gamma = c_p / c_V$，c_p、c_V 分别为气体的比定压热容、比定容热容；Pr 为普朗特数。

3. 考虑温度阶跃下的温度分布

不考虑温度阶跃时，将式(3-11)中的温度阶跃系数 ζ_T 取为 0，并联立式(3-9)和式(3-10)，φ 取为 0，通过 MATLAB 软件数值求解，得到气膜温度随密封环径向和气膜厚度方向变化的曲面(图3-4)。

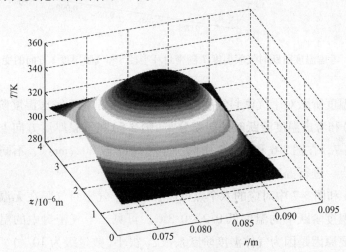

图 3-4　不考虑温度阶跃时，气膜温度 T 随密封环半径 r 和
气膜厚度 z 方向的变化曲面($\zeta_T = 0$)

从图 3-4 可以看出，在密封环径向方向(r 方向)，随着介质气体从密封环的外径流入根径，干气密封气膜的温度先升高，当气体到达槽根附近时温度达到最大，然后随着气体从根径流入内径，气膜温度逐渐降低，另外气膜厚度方向上(z 方向)气膜中间位置温度较高。

考虑温度阶跃时，联立式(3-9)、式(3-10)和式(3-11)，φ 取 0，通过 MATLAB

软件编程进行数值求解，得到干气密封的气膜温度随密封环径向和气膜厚度方向变化的曲面(图3-5)。从图3-5 中可以看出，考虑温度阶跃下的气膜温度 T 变化规律与图3-4 一致。

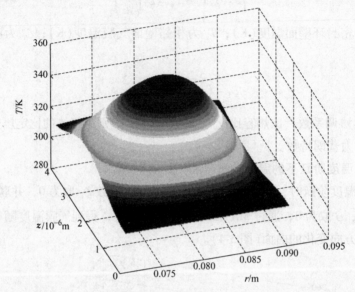

图 3-5 考虑温度阶跃时气膜温度 T 随密封环半径 r 和气膜厚度 z 方向的变化曲面

为分析温度阶跃对干气密封气膜温度的影响，分别将不考虑温度阶跃时的温度分布(图3-4)和考虑温度阶跃时的温度分布(图3-5)在气膜厚度方向上投影，得到图3-6 和图3-7，在图3-6 和图3-7 中同一半径处(r 取 80.2mm)、不同气膜厚度位置标出六个点，进行温度比较。

从图3-6 和图3-7 中对应的六个点可以看出，干气密封气膜在无温度阶跃下的温度比考虑温度阶跃下的温度低 $0.2 \sim 0.3\,℃$。可见，干气密封中的温度阶跃不十分明显，主要原因是因为气体温度阶跃系数 ζ_T 很小(数量级为 10^{-7})，另外，从式(3-11)可以看出壁面温度与相邻的气膜温度相差甚微，即温度阶跃很小。

3.1.2 热耗散变形下干气密封气膜流动特性

1. 热耗散变形下的气膜能量微分方程及热弹变形

忽略温度在气膜厚度方向的变化，则式(3-10)简化为[16]

$$\rho c_p \left(vT + vr \frac{\mathrm{d}T}{\mathrm{d}r} + Tr \frac{\mathrm{d}v}{\mathrm{d}r} \right) = \lambda \left(\frac{\mathrm{d}T}{\mathrm{d}r} + r \frac{\mathrm{d}^2 T}{\mathrm{d}r^2} \right) + \frac{2\mu}{r_i^2} \left(\frac{\partial u}{\partial \varphi} \right)^2 + 2\mu \left(\frac{\partial v}{\partial r} \right)^2 \quad (3-13)$$

忽略热耗散项，得到不考虑热耗散变形下的气膜能量微分方程[16]为

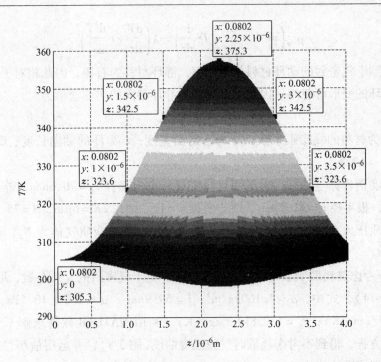

图 3-6　不考虑温度阶跃时气膜温度 T 在气膜厚度 z 方向的投影图($\zeta_T = 0$)

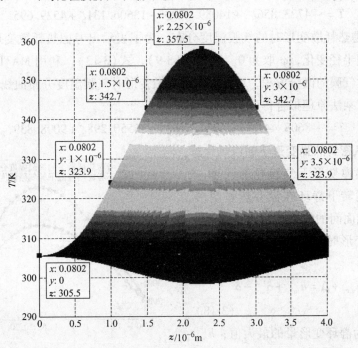

图 3-7　考虑温度阶跃时气膜温度 T 在气膜厚度 z 方向的投影图

$$\rho c_p \left(vT + vr\frac{\mathrm{d}T}{\mathrm{d}r} + Tr\frac{\mathrm{d}v}{\mathrm{d}r} \right) = \lambda \left(\frac{\mathrm{d}T}{\mathrm{d}r} + r\frac{\mathrm{d}^2 T}{\mathrm{d}r^2} \right) \tag{3-14}$$

考虑到干气密封的动环材料为合金钢，静环材料为石墨，因此相对于静环的变形量，动环的变形可忽略。因此，干气密封静环轴向的热弹变形为[17]

$$\delta_{ta} = \alpha_l L b_f C_R \tag{3-15}$$

式中：α_l 为材料的线膨胀系数；b_f 为密封面宽度；L 为环的轴向长度；C_R 为温度梯度，$C_R = \Delta T / b_f$。

（1）实例计算与分析　干气密封样机尺寸有内半径 $r_i = 70.6\mathrm{mm}$，外半径 $r_o = 90.25\mathrm{mm}$，根半径 $r_r = 80.5\mathrm{mm}$，螺旋槽数 $n = 12$，槽深 $2E = 6\mu\mathrm{m}$，$\beta = 75.1°$。工艺参数：介质压力 $p_o = 10\mathrm{MPa}$，环境压力 $p_i = 101.3\mathrm{kPa}$，介质气体为 N_2，转速 $n_r = 8700\mathrm{r/min}$。

1）不考虑热耗散变形时的气膜温度分布。由干气密封的介质参数，联立式(3-9)、式(3-14)，式中，$\rho = 1.160\mathrm{kg/m}^3$；$l = 59.9\mathrm{nm}$；$\mu = 1.8 \times 10^{-5}\mathrm{Pa \cdot s}$；$\lambda = 0.02475\mathrm{W/(m \cdot K)}$；$c_p = 1.038\mathrm{kJ/(kg \cdot K)}$。利用 MATLAB 软件求解干气密封气膜的微分方程，得到不考虑耗散时气膜温度曲线(图 3-8)，并运用最小二乘法原理拟合得到温度表达式为

$$T = -4723.856\zeta^3 + 14089.979\zeta^2 - 13606.131\zeta + 4529.695 \tag{3-16}$$

2）考虑热耗散变形时的气膜温度分布。为了表示出考虑热耗散变形时的气膜温度分布随半径变化，φ 取为 0。联立式(3-9)、式(3-13)，利用 MATLAB 软件求解干气密封气膜的微分方程，可得考虑热耗散变形时气膜温度分布曲线(图 3-8)并运用最小二乘法原理拟合得到温度表达式。

$$T = -8608.441\zeta^3 + 26441.569\zeta^2 - 26550.298\zeta + 9008.839 \tag{3-17}$$

2. 干气密封热弹变形下的流场计算

（1）热弹变形下气膜厚度计算
干气密封运转下静环在没有热弹变形时，密封端面间的气膜厚度 h 为定值，当有热弹变形时气膜厚度 h_b 为变量，其表达式为

$$h_b = h_{\min} + \Delta = h_{\min} + \delta'_{\max} - \delta' \tag{3-18}$$

式中：$\delta'_{\max}$ 为静环变形量的最大值；$h_{\min}$ 为气膜厚度的最小值；δ' 为静环变形量。h_b、$h_{\min}$、Δ、$\delta'_{\max}$ 与 δ 之间几何关

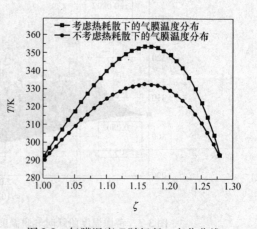

图 3-8　气膜温度 T 随极径 ζ 变化曲线

系如图 3-9 所示。

利用 PH 线性化方法、迭代法对非线性雷诺方程式(3-2)近似求解,得气膜开启力表达式为[9]

$$F_O = 2\pi \int_{r_i}^{r_o} rp\mathrm{d}r = \pi(r_o^2 - r_i^2) \frac{p_i + Ep_i(\eta_{1,\zeta}\cos\omega + \eta_{2,\zeta}\cos\omega)/(E + h_b)}{1 - \varepsilon_z\cos\varphi - E\cos\omega/(E + h_b)}$$

$$-\frac{3}{2}\beta_0[E/(E + h_b)]^2\eta_{2,\zeta}(\zeta_0 - \zeta)p_i \qquad (3-19)$$

静环发生热弹变形后,由于气膜厚度发生了改变,从而使气膜间进入了另一个新的平衡状态,此时的气膜开启力 F_O 等于闭合力 F_C。气膜的闭合力等于静环背侧面介质压力与弹簧力 F_e 的合力。因此,可得

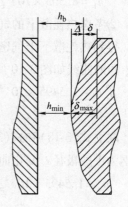

$$F_O = p_o \cdot A + F_e \qquad (3-20)$$

式中: A 为静环背侧面的面积(m^2); F_e 为弹簧力(N)。根据式(3-20)可以求出密封环受力平衡时气膜的最小的厚度 $h_{\min}$。

1)实例计算与分析。干气密封样机尺寸:内半径

图 3-9　气膜厚度变化简图

$R_i = 70.6\mathrm{mm}$,外半径 $r_o = 90.25\mathrm{mm}$,根半径 $r_r = 80.5\mathrm{mm}$,螺旋槽数目 $n = 12$,槽深 $2E = 6\mu\mathrm{m}$,螺旋角 $\beta = 75.1°$。工艺参数:介质压力 $p_o = 10\mathrm{MPa}$,环境压力 $p_i = 101.3\mathrm{kPa}$,介质气体为 N_2,转速 $n_r = 8700\mathrm{r/min}$。

①不考虑热耗散下的气膜厚度计算。由式(3-15)、式(3-16),运用 Maple 程序计算,得到干气密封静环热弹变形量拟合式及静环变形量 δ' 随量纲为 1 的极径 ζ 变化的曲线(图 3-10)。

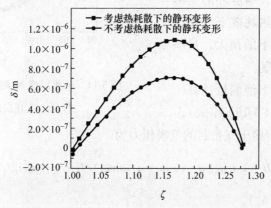

图 3-10　静环变形量 δ' 随量纲为 1 的极径 ζ 变化曲线

$$\delta' = -8.503 \times 10^{-5}\zeta^3 + 2.5362 \times 10^{-4}\zeta^2 - 2.4491 \times 10^{-4}\zeta + 7.626 \times 10^{-5}$$

$$(3\text{-}21)$$

联立式(3-19)和式(3-20)，并利用 Maple 求解得到干气密封的气膜厚度最小值：$h_{min} = 3.82\mu m$，其中弹簧力 $F_e = 45N$，$p_0 = 10MPa$。利用式(3-18)、式(3-21)，运用 Maple 计算得气膜厚度 h_b 的表达式及气膜厚度 h_b 随量纲为 1 的极径 ζ 间变化曲线(图3-7)。

$$h_b = 8.503 \times 10^{-5}\zeta^3 - 2.5362 \times 10^{-4}\zeta^2 + 2.4491 \times 10^{-4}\zeta - 7.173 \times 10^{-5} \quad (3\text{-}22)$$

②考虑热耗散下的气膜厚度计算。联立式(3-15)和式(3-17)运用 Maple 程序计算，得到热耗散下干气密封静环热弹变形量拟合式，静环变形量 δ' 随量纲为 1 的极径 ζ 间的曲线如图3-10所示。

$$\delta' = -1.5495 \times 10^{-4}\zeta^3 + 4.7595 \times 10^{-4}\zeta^2 - 4.7791 \times 10^{-4}\zeta + 1.5688 \times 10^{-4}$$

$$(3\text{-}23)$$

联立式(3-18)和式(3-22)，运用 Maple 计算。考虑热耗散下的气膜厚度 h_b 随量纲为 1 的极径 ζ 变化曲线如图3-11所示，气膜厚度 h_b 的表达式为

$$h_b = 1.5495 \times 10^{-4}\zeta^3 - 4.7595 \times 10^{-4}\zeta^2 + 4.7791 \times 10^{-4}\zeta - 1.5198 \times 10^{-4}$$

$$(3\text{-}24)$$

由图3-11可以看出，随着密封气体从密封环的外径流入根径，干气密封气膜的厚度减小，当气体到达槽根部附近时气膜厚度达到最小，然后随着气体从根径流入内径气膜厚度逐渐增大，与静环的变形量变化趋势相反；热耗散下气膜厚度较不考虑热耗散下的稍大，且厚度变化梯度也稍明显。

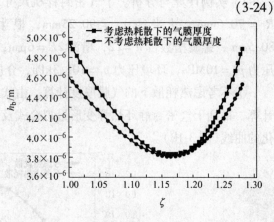

图 3-11　气膜厚度 h_b 随量纲为 1 的
极径 ζ 变化曲线

(2) 热弹变形下泄漏量计算

根据式(3-3)、式(3-15)和式(3-18)热弹变形下螺旋槽干气密封的气膜压力为

$$p_b = \psi_2/H = 1 + \eta_b(\eta_{1,\zeta}\cos\omega + \eta_{2,\xi}\sin\omega)/H - \frac{3}{2}\beta_0\eta_b^2\eta_{2,\zeta}(\zeta_0 - \zeta) \quad (3\text{-}25)$$

式中，$\eta_b = E/(E + h_b)$。

密封环径向流量[18]为

$$Q = \int_0^h 2\pi v r_i \, \mathrm{d}z = -\frac{(1 + 6Kn')\pi p_i h^3}{6\mu}\frac{\partial p_b}{\partial \zeta} \tag{3-26}$$

泄漏量[19]为

$$Q'\big|_{\zeta=1} = -\frac{(1 + 6Kn')\pi}{6}\left(\frac{\partial P_b}{\partial \zeta}\right)_{\zeta=1} \tag{3-27}$$

3.1.3　热弹变形下气膜刚度计算与分析

1. 螺旋槽内气膜动压求解

在无热弹变形下，二阶滑移边界条件下的雷诺方程表达式[20]为

$$\frac{\partial}{\partial x}\left[\frac{PH^3}{\mu}\left(1 + 6Kn + \frac{2}{3}Kn^2\right)\frac{\partial p}{\partial x}\right] + \frac{\partial}{\partial y}\left[\frac{PH^3}{\mu}\left(1 + 6Kn + \frac{2}{3}Kn^2\right)\frac{\partial p}{\partial y}\right] = 6U_0\frac{\partial(\rho h)}{\partial x} \tag{3-28}$$

式中：Kn 为克努森数，$Kn = l'/h$，$0.001 \leqslant Kn \leqslant 0.1$；$l' = \dfrac{2 - \sigma_v}{\sigma_v}l$（其中，$l$ 为分子自由行程；σ_v 为分子切向动量调节系数）；h 为气膜厚度；U_0 为密封环内径线速度。

将式(3-28)无量纲化为

$$\frac{\partial}{\partial \varphi}\left[PH^3\frac{\partial p}{\partial \varphi}\right] + \frac{\partial}{\partial \zeta}\left[PH^3\frac{\partial p}{\partial \zeta}\right] = \chi'\frac{\partial(PH)}{\partial \varphi} \tag{3-29}$$

式中：χ' 为滑移边界条件下可压缩性系数，$\chi' = \Lambda\Big/\left(1 + 6Kn' + \dfrac{2}{3}Kn'^2\right)$；$\Lambda$ 为可压缩性系数，$\Lambda = \dfrac{12\pi\mu n_r}{p_i}\dfrac{r_i^2}{(\delta + E)^2}$；$\mu$ 为气体的动力黏度；ζ 为量纲为 1 的极径，$\zeta = r/r_i$，r 为密封环半径(m)，r_i 为密封环内径(m)；E 为槽深一半(m)；P 为量纲为 1 的气膜压力，$P = p/p_i$，p 为气膜压力(kPa)，p_i 为环境压力(kPa)。图 3-12 为螺旋槽力学模型，图中，r_r 为密封环根径；β 为螺旋角；p_o 为介质压力；p_i 为环境压力；α 为螺旋角余度。

利用 PH 线性化方法、迭代法对非线性雷诺方程式(3-2)近似求解，获得气膜推力和气膜压力的函数表达式：

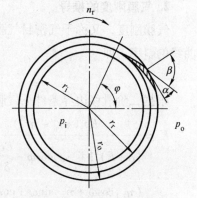

图 3-12　螺旋槽力学模型

$$F = 2\pi \int_{r_i}^{r_o} rp\mathrm{d}r = (\pi r_o^2 - \pi r_i^2) \left[\frac{p_i + \dfrac{Ep_i}{E + \delta}(\eta_{1,\zeta}\cos\omega + \eta_{2,\zeta}\cos\omega)}{1 - \varepsilon_z\cos\varphi - \dfrac{E\cos\omega}{E + \delta}} \right.$$

$$\left. - \frac{3}{2}\beta_0 \left(\frac{E}{E + \delta}\right)^2 \eta_{2,\zeta}(\zeta_0 - \zeta)p_i \right] \tag{3-30}$$

$$P = \frac{\psi_2}{H} = 1 + \frac{\eta(\eta_{1,\zeta}\cos\omega + \eta_{2,\zeta}\sin\omega)}{H} - \frac{3}{2}\beta_0\eta^2\eta_{2,\zeta}(\zeta_0 - \zeta) \tag{3-31}$$

边界条件　$P_{(\zeta=1)} = 1$，$p_{(\zeta_0 = r_o/r_i)} = P_0 = p_o/p_i$

其中，$\eta = E/(E + h)$，

$$\eta_{1,\zeta} = c_{10}\exp(\zeta\sqrt{\beta_1}) + c_{10}'\exp(-\zeta\sqrt{\beta_1}) + \left[c_{11}\exp(\zeta\sqrt{\beta_1}) + c_{11}'\exp(-\zeta\sqrt{\beta_1}) + \right.$$

$$\left. \frac{A_1}{2\sqrt{\beta_1}}\zeta\exp(\zeta\sqrt{\beta_1}) - \frac{B_1}{2\sqrt{\beta_1}}\zeta\exp(-\zeta\sqrt{\beta_1}) \right]\varepsilon$$

$$\eta_{2,\zeta} = c_{20}\exp(\zeta\sqrt{\beta_1}) + c_{20}'\exp(-\zeta\sqrt{\beta_1}) + \left[c_{21}\exp(\zeta\sqrt{\beta_1}) + c_{21}'\exp(-\zeta\sqrt{\beta_1}) + \right.$$

$$\left. \frac{A_2}{2\sqrt{\beta_1}}\zeta\exp(\zeta\sqrt{\beta_1}) - \frac{B_2}{2\sqrt{\beta_1}}\zeta\exp(-\zeta\sqrt{\beta_1}) - \frac{\alpha_2}{\beta_1} \right]\varepsilon$$

式中：h 为气膜厚度，$h = d(\delta + E)(\mathrm{m})$，$d$ 为量纲为 1 的间隙量，δ 为密封环间隙（m）；β_0 为槽斜度系数，$\beta_1 = \beta_0^2 + n^2$，$n$ 为螺旋槽数；A_1、A_2、B_1、B_2、c_{10}、c_{10}'、c_{11}、c_{11}'、c_{20}、c_{20}'、c_{21}、c_{21}' 为积分常数；ε 为迭代摄动小参数；η 为槽深比；ω 为当量螺旋角；$\zeta_0 = r_o/r_i$，r_o 为密封环外径（m）。

2. 气膜刚度的推导

气膜刚度，又称干气密封气膜的轴向刚度，为气膜推力 F 随密封环间隙 δ 变化曲线的斜率，即

$$K_g = \mathrm{d}F/\mathrm{d}\delta \tag{3-32}$$

根据二阶滑移边界条件下气膜刚度函数表达式：

$$K_g = \frac{Ep_i(\pi r_o^2 - \pi r_i^2)}{(\delta + E)^2 \left(1 - \varepsilon_z\cos\phi - \dfrac{E\cos\omega}{\delta + E}\right)^2} \times \left[(\eta_{1,\zeta}\cos\omega\cos\phi\varepsilon_z + \eta_{2,\zeta}\sin\omega\cos\omega\varepsilon_z) - \right.$$

$$\left. (\eta_{1,\zeta}\cos\omega + \eta_{2,\zeta}\sin\omega + \cos\omega) \right] + 3(\pi r_o^2 - \pi r_i^2)p_i\beta_0\eta_{2,\zeta}(\zeta_0 - \zeta)E^2(\delta + E)^{-3}$$

$$\tag{3-33}$$

3. 气膜能量微分方程

稳态下，由对流换热过程控制方程组的推导[21]，来推导出螺旋槽干气密封气膜的能量方程，图 3-13 为气膜微元控制体热平衡模型。针对图示的微元控制体，能量以扩散和对流的方式进出控制体。考虑到转速的原因，可以忽略环向的温度波动。所以，下面研究径向方向能量的进出及膜厚方向 z（垂直与 dr 及 dθ）的能量进出。

考虑由于流体黏性耗散作用所产生的热量[22]，热耗散项为

$$\Phi = \frac{2\mu}{r_i^2}\left(\frac{\partial u}{\partial \varphi}\right)^2 + 2\mu\left(\frac{\partial v}{\partial r}\right)^2 \qquad (3\text{-}34)$$

图 3-13　气膜微元控制体
热平衡模型

考虑 z 方向扩散产生的热量变化（对流忽略），可推出气膜的能量微分方程为

$$\rho c_p\left(vT + vr\frac{\partial T}{\partial r} + Tr\frac{\partial v}{\partial r}\right) = \lambda\left(\frac{\partial T}{\partial r} + r\frac{\partial^2 T}{\partial r^2}\right) + \frac{2\mu}{r_i^2}\left(\frac{\partial u}{\partial \varphi}\right)^2 + 2\mu\left(\frac{\partial v}{\partial r}\right)^2 \qquad (3\text{-}35)$$

忽略耗散项，得到不考虑热耗散下的气膜能量微分方程为

$$\rho c_p\left(vT + vr\frac{\partial T}{\partial r} + Tr\frac{\partial v}{\partial r}\right) = \lambda\left(\frac{\partial T}{\partial r} + r\frac{\partial^2 T}{\partial r^2}\right) \qquad (3\text{-}36)$$

气膜周向速度 u 和径向速度 v 的表达式[6]为

$$\begin{cases} u = \dfrac{1}{2\mu r_i}(z^2 - hz - hl')\dfrac{\partial p}{\partial \varphi} + U_0\left(1 - \dfrac{z+l'}{h}\right) \\[3mm] v = \dfrac{1}{2\mu r_i}(z^2 - hz - hl')\dfrac{\partial p}{\partial \zeta} \end{cases} \qquad (3\text{-}37)$$

式中：μ 为气体动力黏度（Pa·s）；z 为单元层的气膜厚度（m）；$U_0 = 2\pi n_r r_i$ 为密封环内径线速度（m/s）；$l' = (2-\sigma_v)l/\sigma_v$，$l$ 为分子自由程（m）；σ_v 为分子切向动量调节系数。

4. 螺旋槽内热弹变形

密封环轴向变形的近似公式[23]为

$$\delta_{ta} = \alpha_L L b_f C_R \qquad (3\text{-}38)$$

式中：α_L 为材料的热膨胀系数；b_f 为密封面宽度；L 为环的轴向长度；C_R 为温度梯度，$C_R = \Delta T/b_f$。考虑到动环材料为合金钢，静环材料为石墨，因此相对于静环的变形量动环变形可忽略。

5. 气膜厚度计算式

无热弹变形时，气膜厚度 h_b 为常数，当有热弹变形时气膜厚度 h_b 为变量，其

表达式为

$$h_b = h_{min} + \Delta \tag{3-39}$$

$$\Delta = \delta'_{max} - \delta' \tag{3-40}$$

式中：δ'_{max} 为静环变形量的最大值；h_{min} 为气膜厚度的最小值。h_b、h_{min}、Δ、δ'_{max} 与 δ' 之间几何关系如图 3-14 所示。

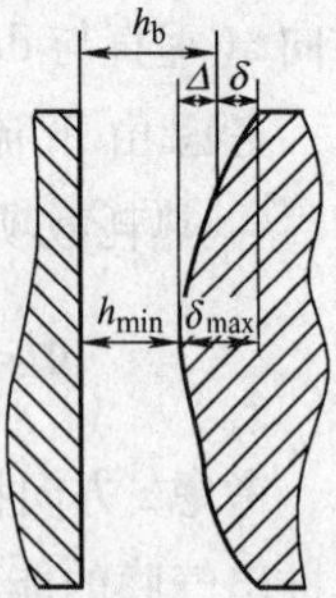

6. 气膜热弹变形下最小厚度计算

根据式（3-30）得气膜开启力 F_0 为

$$F_0 = 2\pi \int_{r_i}^{r_o} rp\,dr$$

$$= (\pi r_o^2 - \pi r_i^2)\left[\frac{p_i + \dfrac{Ep_i}{E+\delta}(\eta_{1,\zeta}\cos\omega + \eta_{2,\zeta}\cos\omega)}{1 - \varepsilon_z\cos\varphi - \dfrac{E\cos\omega}{E+\delta}} - \right.$$

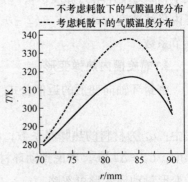

图 3-14　气膜厚度变化图

$$\left. \frac{3}{2}\beta_0\left(\frac{E}{E+\delta}\right)^2\eta_{2,\zeta}(\zeta_0 - \zeta)p_i \right] \tag{3-41}$$

热弹变形后，动静环气膜间建立了新的平衡态，气膜开启力 F_0 等于闭合力 F_c。

$$F_0 = F_C \tag{3-42}$$

闭合力等于静环背侧面介质压力与弹簧力之和。

$$F_C = F_p + F_e \tag{3-43}$$

$$F_0 = p_0 \cdot A + F_e \tag{3-44}$$

式中：A 为静环背侧面的面积（m^2）；F_e 为弹簧力。根据上式求出密封环力平衡时最小的气膜厚度 h_{min}。

7. 实例计算与试验验证

样机尺寸：内半径 $r_i = 70.6mm$，外半径 $r_o = 90.25mm$，根半径 $r_r = 80.25mm$，螺旋槽数目 $n = 12$。

试验工艺参数：环境压力 $p_i = 101.3kPa$，介质气体为 N_2，$n_r = 8700r/min$。

8. 气膜温度的计算

由试验介质参数，联立式（3-9）和式（3-13）与式（3-9）和式（3-4），利用 MATLAB 软件求解微分方程得到有耗散和无耗散下的气膜温度分布如图 3-15 所示。

图 3-15　气膜温度 T 随半径 r 变化曲线

9. 气膜厚度的计算

由式(3-41)~式(3-44)及气膜温度的变化, 编程得到气膜厚度随量纲为一的极径的变化曲线如图 3-16 所示。

10. 刚度随压力的变化

取槽深 $2E = 6\mu m$, 螺旋角 $\beta = 74°51''$, 转速 $n_r = 8700r/min$, 介质压力 p_o 取 0.4 ~ 4MPa, 根据气膜刚度表达式(3-33)得到气膜刚度随压力和量纲为 1 极径的变化曲面如图 3-17 所示。从图 3-17 可知, 随着压力的升高, 气膜刚度增大; 在密封环的极径方向上, 气膜刚度的分布规律是先升高后降低, 槽根部附近气膜刚度最大。

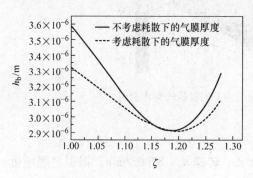

图 3-16　气膜厚度 h_b 随量纲

为 1 的极径 ζ 变化曲线

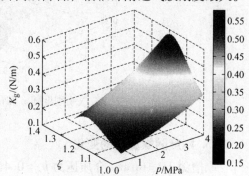

图 3-17　气膜刚度随压力和量纲

为 1 的极径的变化曲面

11. 刚度随转速的变化

取槽深 $2E = 6\mu m$, 螺旋角 $\beta = 74°51''$, 介质压力 $p_o = 0.4MPa$, 转速为 6700 ~ 10000r/min 时, 根据气膜刚度表达式(3-33)得到气膜刚度随转速和量纲为 1 极径的变化曲面如图 3-18 所示。从图 3-18 中可以看出, 随着转速的增大, 气膜刚度增大; 在密封环的极径方向上, 气膜刚度的分布规律是先升高后降低, 槽根部附近气膜刚度最大。

12. 刚度随槽深的变化

取螺旋角 $\beta = 74°51''$, 介质压力 $p_o = 0.4MPa$, 转速 $n_r = 8700r/min$, 根据气膜刚度表达式(3-33)气膜刚度随槽深比 η 和量纲为 1 的极径

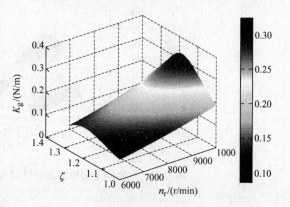

图 3-18　气膜刚度随转速和量纲为 1 的

极径的变化曲面

的变化曲面如图 3-19 所示。从图 3-19 中可以看出，随着槽深的增大，气膜刚度增大；在密封环的极径方向上，气膜刚度的分布规律是先升高后降低，槽根部附近气膜刚度最大。

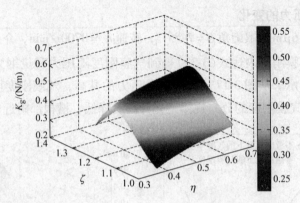

图 3-19　气膜刚度随 η 和量纲为 1 的极径的变化曲面

13. 刚度随螺旋角的变化

取槽深 $2E = 6\mu m$，介质压力 $p_o = 0.4MPa$，转速 $n_r = 8700r/min$，根据气膜刚度表达式 (3-33) 气膜刚度随螺旋角和量纲为 1 的极径的变化曲面如图 3-20 所示。从图 3-20 可以看出，在 $74.8° \sim 75.5°$ 范围内随着螺旋角的增大，气膜刚度先增大后减小，当螺旋角为 $75.03°$ 时，气膜刚度最大；在密封环的极径方向上，气膜刚度的分布规律是先升高后降低，槽根部气膜刚度最大。

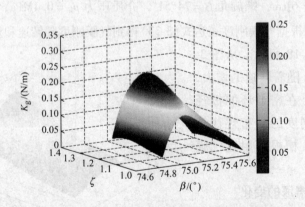

图 3-20　气膜刚度随螺旋角和量纲为 1 的极径的变化曲面

14. 气膜刚度的测试、分析与对比

（1）端面流体膜压及膜厚的测试　气膜刚度是指气膜的推力与气膜厚度或位移

的比值，因而气膜刚度的测定可通过分别测量气膜压力和气膜位移而得到。由气膜压力积分求出气膜推力。采用电涡流位移传感器测得气膜厚度。

（2）不同压力下气膜刚度的测试与分析　在不同的介质压力条件下，用氮气作为工质，其转速为 n_r = 8700r/min，测出不同工作压力下的气膜刚度。图 3-21 为实测气膜刚度曲线、考虑耗散的理论气膜刚度曲线和不考虑耗散的理论气膜刚度曲线的比较。从图 3-21 可看出随介质压力的增大气膜刚度也增大，有耗散和无耗散的理论计算值均大于实际测量值；有耗散的理论计算比无耗散的理论

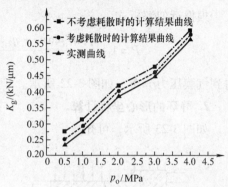

图 3-21　气膜刚度随介质压力的变化曲线

计算更加接近于实际测量值；最大相对误差在 0.5MPa 处为 9.6%、18.3%，低压力的气膜刚度相对误差大，高压力的气膜刚度相对误差小。其主要原因为：低压力时动压效果差，使得气膜厚度较薄，其气膜剪切率较高。综上所述有耗散时的温度变化不可忽略，因而有耗散的理论计算值更符合实际运行工况。

3.2　干气密封力变形下的流动特性及分析

干气密封在高压、高温工况下应用，大压降引起的力变形同样会对气膜流动规律产生影响[24]。考虑干气密封的力变形，对改进干气密封设计有重要的意义[25]，也因此引发了关于干气密封力变形问题的研究。早期研究者主要侧重于机械密封的力变形研究[26]。Stolarski 等[27]研究了人字形槽液体润滑密封和气体普通密封的力变形问题，发现了力变形对端面流体膜的产生和保持非常重要。

本节着重研究微尺度内力变形下螺旋槽干气密封的流动特性。在平衡的条件下，根据压强与外力作用，利用迭代法求出密封腔内气膜压力分布，计算出力变形下密封环的变形量，进而获得密封间隙的近似解析式及得到干气密封在力变形下的泄漏量，并将力变形下泄漏量与无变形的理论泄漏量进行比较，进而分析力变形下螺旋槽干气密封的流动特性[28]。

3.2.1　静环受力分析及变形计算

密封环由静环与动环组成。但静环的材质为非金属环（如石墨环），动环的材质一般为金属环。所以力场对密封腔内的动环作用时，导致动环的力变形不明显，

故这里为了简化计算过程，对动环的力变形量忽略不计。

1. 静环的受力分析

根据近似解析式

$$P = 1 + \frac{\eta(\eta_{1,\zeta}\cos\omega + \eta_{2,\zeta}\cos\omega)}{H} - \frac{3}{2}\beta_0\eta^2\eta_{2,\zeta}(\zeta_0 - \zeta) \tag{3-45}$$

得到气膜压力分布，如图 3-22 所示。

2. 静环的形心坐标计算

如图 3-23 所示，可知

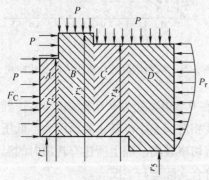 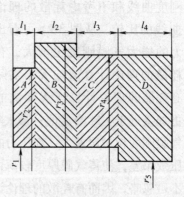

图 3-22 静环的力学模型图   图 3-23 静环尺寸

$$x_1 = \frac{l_1}{2}, \quad x_2 = l_1 + \frac{l_2}{2}, \quad x_3 = l_1 + l_2 + \frac{l_3}{2}, \quad x_4 = l_1 + l_2 + l_3 + \frac{l_4}{2}$$

$$y_1 = \frac{r_2 - r_1}{2} + (r_1 - r_5), \quad y_2 = \frac{r_3 - r_1}{2} + (r_1 - r_5), \quad y_3 = \frac{r_4 - r_1}{2} + (r_1 - r_5), \quad y_4 = \frac{r_4 - r_5}{2}$$

$$\tag{3-46}$$

截面积：

$$A_1 = l_1(r_2 - r_1), \quad A_2 = l_2(r_3 - r_1), \quad A_3 = l_3(r_4 - r_1), \quad A_4 = l_4(r_5 - r_1) \tag{3-47}$$

总面积：

$$\sum A = A_1 + A_2 + A_3 + A_4 = A \tag{3-48}$$

计算环的形心：

$$\left.\begin{array}{l} x_C = (x_1A_1 + x_2A_2 + x_3A_3 + x_4A_4)/A \\ y_C = (y_1A_1 + y_2A_2 + y_3A_3 + y_4A_4)/A \\ r_C = y_C + r_5 \end{array}\right\} \tag{3-49}$$

3. 静环力矩的计算

1）将静环各单元简化成集中力并求单位形心圆周长度上作用力（图 3-24）。

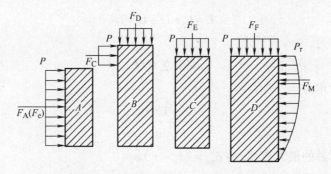

图 3-24　静环各单元简化成集中力图

$$F_A = p\pi(r_2^2 - r_1^2)/2\pi r_C, \quad F_B = 2\pi p r_2 l_1/2\pi r_C, \quad F_C = p\pi(r_3^2 - r_2^2)/2\pi r_C,$$

$$F_D = 2\pi p r_3 l_2/2\pi r_C, \quad F_{sp} = F_e/2\pi r_C, \quad F_M = p_r \pi(r_4^2 - r_5^2)/2\pi r_C \qquad (3\text{-}50)$$

作用位置 x_i、y_i、r_i，

$$y_A = \frac{1}{2}(r_2 - r_1) + (r_1 - r_5), \quad r_A = y_A + r_5;$$

$$y_C = \frac{1}{2}(r_3 - r_2) + (r_2 - r_5), \quad r_C = y_C + r_5;$$

$$x_B = x_1; \quad x_D = x_2; \quad x_E = x_3; \quad x_F = x_4; \quad y_{sp} = y_A;$$

$$r_{sp} = y_{sp} + r_5, \quad y_M = r_M - r_5, \quad r_M = y_M + r_5 \qquad (3\text{-}51)$$

2）求静环各单元对 x 轴的惯性矩。

$$J_1 = l_1(r_2 - r_1)/12 + A_1(x_C - x_1)^2, \quad J_2 = l_2(r_3 - r_1)/12 + A_2(x_C - x_2)^2,$$

$$J_3 = l_3(r_4 - r_1)/12 + A_3(x_C - x_3)^2, \quad J_4 = l_4(r_4 - r_5)/12 + A_1(x_C - x_4)^2,$$

$$J_5 = \int_A (p_r)^2 \mathrm{d}A \qquad (3\text{-}52)$$

$$J = \sum J_i = J_1 + J_2 + J_3 + J_4 + J_5 \qquad (3\text{-}53)$$

3）求静环各单元通过形心的力矩。

$$M_A = F_A(r_C - r_A), \quad M_B = F_B(x_C - x_B), \quad M_C = F_C(r_C - r_C),$$

$$M_D = F_D(x_C - x_D), \quad M_E = F_E(x_C - x_E), \quad M_F = F_F(x_C - x_F),$$

$$M_{sp} = F_{sp}(r_C - r_{sp}), \quad M_M = F_M(r_C - r_M) \qquad (3\text{-}54)$$

$$M = \sum M_A + M_B + M_C + M_D + M_E + M_F + M_{sp} + M_M \qquad (3\text{-}55)$$

4. 力变形计算

将图 3-24 折合成简单的矩形断面，其形心不变，则

$$x_C = \sum x_i A_i / \sum A_i, \quad y_C = \sum y_i A_i / \sum A_i$$

矩形长度为

$$L = l_1 + l_2 + l_3 + l_4 \tag{3-56}$$

矩形宽度为

$$b' = \sum A_i / L \tag{3-57}$$

密封面转角为

$$\varphi_p = \frac{12 M y_C}{E L^3 \ln(r_o / r_i)} \tag{3-58}$$

静环变形量的最大值 δ'_{max} 为 $\delta'_{max} = (r_o - r_i)\varphi_p$。

密封面的变形量 δ' 为 $\delta' = r_i \varphi_p (\zeta - 1)$。

3.2.2　力变形的气膜流场计算

1. 力变形下气膜厚度计算

在无力变形时，气膜厚度 h_b 为常数；当有力变形时，h_b 为变量，其表达式为

$$h_b = h_{min} + \delta'_{max} - \delta' \tag{3-59}$$

式中：h_{min} 为最小气膜厚度；δ'_{max} 为静环最大变形量。h_b、h_{min}、δ'_{max}、δ' 之间关系的几何结构图如图 3-25 所示。

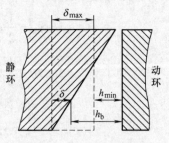

图 3-25　力变形气膜厚度的几何结构图

干气密封运行时使密封端面动、静环相互分开的力称为开启力，主要是密封端面气膜作用在密封端面上的推力。

干气密封中的开启力如下：

$$F_O = 2\pi \int_{r_i}^{r_o} rp\,\mathrm{d}r = \left[\frac{p_i}{1 - \varepsilon_z \cos\varphi - \dfrac{E\cos\omega}{E + h_b}} + \frac{\dfrac{E p_i}{E + h_b}(\eta_{1,\zeta}\cos\omega + \eta_{2,\zeta}\cos\omega)}{1 - \varepsilon_z \cos\varphi - \dfrac{E\cos\omega}{E + h_b}} - \right.$$

$$\left. \frac{3}{2}\beta_0 \left(\frac{E}{E + h_b}\right)^2 \eta_{2,\zeta}(\zeta_0 - \zeta)p_i \right] (\pi r_o^2 - \pi r_i^2) \tag{3-60}$$

力变形后，气膜间建立了新的平衡态。密封环受力平衡时，气膜开启力 F_O 等于闭合力 F_C，即

$$F_O = F_C \tag{3-61}$$

闭合力等于静环背侧面介质压力与弹簧力之和，即

$$F_C = F_p + F_e \tag{3-62}$$

由式(3-61)、式(3-62)可得

$$F_O = p_o \cdot A + F_e \tag{3-63}$$

式中：A 为静环侧面的面积；F_e 为弹簧力。

根据以上公式，求出密封环力平衡时最小的气膜厚度 h_{min}。

2. 力变形下泄漏量计算

根据式(3-45)和式(3-59)，力变形后的气膜压力为

$$p_b = 1 + \frac{\eta_b(\eta_{1,\zeta}\cos\omega + \eta_{2,\zeta}\sin\omega)}{H - \frac{3}{2}\beta_0\eta_b^2\eta_{2,\zeta}(\zeta_0 - \zeta)} \tag{3-64}$$

式中，$\eta_b = \dfrac{E}{E + h_b}$。

径向流量：

$$Q = \int_0^{h_b} 2\pi v r_i \mathrm{d}z = -\frac{(1 + 6Kn')\pi p_i h_b^3}{6\mu}\frac{\partial p_b}{\partial\zeta} \tag{3-65}$$

泄漏量：

$$Q'|_{\zeta=1} = -\frac{(1 + 6Kn')\pi}{6}\left(\frac{\partial p_b}{\partial\zeta}\right)_{\zeta=1} \tag{3-66}$$

（1）工程实例计算与分析 螺旋槽密封环尺寸[24]：内径 r_i 为 156.3mm，外径 r_o 为 197.5mm，根径 r_r 为 149.0mm，螺旋槽数量 n 为 12 个，螺旋槽深度 E 为 4μm，密封静环的材料为石墨环，介质压力 $p_o = 5.0$MPa，介质气体为 N_2，转速 n_r 为 10747r/min，弹簧力 $F_e = 50$N。

经计算得到静环的形心为

$$x_C = 7.277\mathrm{mm}, \quad y_C = 11.663\mathrm{mm}, \quad r_C = 86.163\mathrm{mm}$$

静环各单元对 x 轴的惯性矩之和：

$$J = 10783.793\ \mathrm{mm}^4$$

通过形心的力矩之和：

$$M = -179.073\mathrm{N}\cdot\mathrm{m}$$

矩形的长度：

$$L = 13.5\mathrm{mm}$$

矩形的宽度：

$$b' = 17.7\mathrm{mm}$$

密封面转角：

$$\varphi_p = -0.00299$$

密封面最大变形量：

$$\delta'_{max} = -61.658\mu m$$

密封环的力变形量 δ' 与量纲为 1 的极径 ζ 解析关系式:

$$\delta' = 224.096\zeta - 224.074 \tag{3-67}$$

由式(3-67)可知,力变形与量纲为 1 的极径 ζ 的关系近似为线性关系。

利用 Maple 程序求解,得到气膜厚度的最小值 $h_{min} = 3.023\mu m$。密封环力变形后,气膜厚度 h_b 与无量纲极径 ζ 的解析关系式为

$$h_b = -2.24 \times 10^{-4}\zeta + 1.65 \times 10^{-4} \tag{3-68}$$

运用 Maple 程序,由式(3-66),利用式(3-67)和式(3-68),当介质压力为 5.0MPa 时,计算出力变形下的泄漏量为 $0.4563m^3/h$。

利用同样方法分别计算介质压力 1.0MPa、2.0MPa、3.0MPa、4.0MPa 时,力变形下的理论泄漏量,将 1.0 ~ 5.0MPa 下的考虑力变形后的理论泄漏量、热弹变形后的理论泄漏量及无变形的理论泄漏量三者进行对比,见表 3-1。

表 3-1　不同压力下的泄漏量数值

介质压力/MPa	1.0	2.0	3.0	4.0	5.0
无变形理论泄漏量/(m^3/h)	0.130 5	0.170 1	0.217 3	0.248 9	0.285 3
热弹变形理论泄漏量/(m^3/h)	0.254 2	0.296 0	0.330 1	0.362 7	0.410 2
力变形理论泄漏量/(m^3/h)	0.295 9	0.336 9	0.372 7	0.418 5	0.456 3

由表 3-1 可看出:随介质压力的增大,密封环的泄漏量变大;力变形的理论泄漏量比热弹变形的理论泄漏量稍大,比无变形的理论泄漏量大得多。

3.3　密封环热力耦合变形的流场计算

密封环的热弹变形和力变形都会对干气密封微尺度气膜的流动规律产生影响,而这两种影响很多时候会同时存在,因此考虑热力耦合变形对于提高螺旋槽干气密封性能有一定的影响。肖睿等[25,26]针对不同边界条件,分析了微矩形槽内不可压缩性气体在速度滑移下的流动和换热过程,并讨论了其相对应的换热特性。

本节主要在速度滑移边界条件下,研究干气密封在热力耦合场中的流动特性,分别计算出热弹变形和力变形下密封环的变形量,利用 Maple 程序,得到热力耦合场下密封环的变形量,利用广义雷诺方程求出热力耦合场的理论泄漏量,最后将力变形、热弹变形与热力耦合变形下的理论泄漏量进行比较分析。

3.3.1　热力耦合变形量的计算

由于力变形量 δ' 与量纲为 1 的极径 ζ 是线性关系,将力变形量叠加到热弹变形

中(图 3-26),得到热力耦合变形量。将利用 Maple 程序算出的力变形量的解析表达式(3-67)代入到熵变方程[27],即

$$\frac{1}{2}(T+T_0)\left[c_p\ln\frac{T}{T_0}-r_g\ln\frac{p}{p_0}\right]=c_v\frac{n-k}{n-1}(T-T_0)$$

则

$$\delta'=\alpha^*(b+\Delta)\Delta T \tag{3-69}$$

式中:α^*、ΔT 如前述;Δ 为力变形下静环的变形量的解析表达式,$\Delta=224.096\zeta-224.074$。

利用 Maple 程序进一步求解,得到热力耦合变形量 δ' 与量纲为 1 的极径 ζ 的解析关系式为

$$\delta'=-3.337\ 891\ 7\zeta^7+27.460\ 454\zeta^6-96.545\ 378\zeta^5+188.023\ 990\zeta^4-$$
$$219.044\ 550\zeta^3+152.627\ 710\zeta^2-58.887\ 636\zeta+9.703\ 302 \tag{3-70}$$

由式(3-70),得到密封环的热力耦合变形量的最大值为 $\delta'_{max}=21.77\mu m$。

3.3.2　热力耦合气膜厚度的计算

利用 Maple 程序求解,得到热力耦合变形下,密封环受力平衡时(开启力等于闭合力),气膜厚度的最小值为 $h_{min}=10.35\mu m$。根据热力耦合变形气膜厚度几何结构图(图 3-27),得到热力耦合下的气膜厚度 h_b 的关系式为

$$h_b=\delta'_{max}+h_{min}-\delta'$$

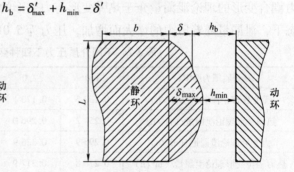

图 3-26　热力耦合叠加变形量关系图　　图 3-27　热力耦合变形的气膜厚度几何结构图

求出热力耦合变形气膜厚度的解析式,即

$$h_b=3.337\ 891\ 7\zeta^7-27.460\ 454\zeta^6+96.545\ 378\zeta^5-188.023\ 99\zeta^4+$$
$$219.044\ 550\zeta^3-152.627\ 710\zeta^2+58.887\ 636\zeta-9.703\ 270\ 08 \tag{3-71}$$

3.3.3　热力耦合变形的流场计算

热力耦合变形时,根据其气膜厚度的解析式,非线性雷诺方程式(3-2)计算出

有热力耦合变形下的气膜压力为

$$P_b = 1 + \frac{\eta_b(\eta_{1,\zeta}\cos\omega + \eta_{2,\zeta}\sin\omega)}{H} - \frac{3}{2}\beta_0\eta_b^2\eta_{2,\zeta}(\zeta_0 - \zeta) \tag{3-72}$$

式中，$\eta_b = \dfrac{E}{E + h_b}$。

径向流量为

$$Q = \int_0^{h_b} 2\pi v r_i \mathrm{d}z = -\frac{(1 + 6Kn')\pi p_i h_b^3}{6\mu}\frac{\partial p_b}{\partial \zeta} \tag{3-73}$$

对式(3-73)无量纲化得

$$Q'\big|_{\zeta=1} = -\frac{(1 + 6Kn')\pi}{6}\left(\frac{\partial p_b}{\partial \zeta}\right)_{\zeta=1} \tag{3-74}$$

由式(3-72)~式(3-74)，利用 Maple 程序计算，得到介质压力为 5.0MPa 时，热力耦合变形下的泄漏量为 0.437 3m³/h。

利用同样方法分别计算 1.0MPa、2.0MPa、3.0MPa、4.0MPa 时，热力耦合变形时的理论泄漏量[28]。介质压力为 1.0 ~ 5.0MPa 时热力耦合变形理论泄漏量、力变形理论泄漏量、热弹变形理论泄漏量及无变形理论泄漏量的对比见表 3-2。从表 3-2 可知，压力相同时无变形理论泄漏量最小，力变形下的理论泄漏量最大，且热力耦合变形的理论泄漏量介于热弹变形与力变形的理论泄漏量之间。在相同变形状态下，泄漏量随着压力的增大而增加，压力为 5.0MPa 时的泄漏量最大。

表 3-2 不同介质压力下四种变形泄漏量

介质压力/MPa	1.0	2.0	3.0	4.0	5.0
无变形理论泄漏量/(m³/h)	0.130 5	0.170 1	0.217 3	0.248 9	0.285 3
热弹变形理论泄漏量/(m³/h)	0.254 2	0.296 0	0.330 1	0.362 7	0.410 2
力变形理论泄漏量/(m³/h)	0.295 9	0.336 9	0.372 7	0.418 5	0.456 3
热力耦合变形理论泄漏量/(m³/h)	0.276 8	0.317 9	0.352 5	0.398 4	0.437 3

对无变形、力变形、热弹变形及热力耦合变形四种情况下的理论泄漏量分析如下：

1）在四种情况中，压力相同时，无变形理论泄漏量最小，力变形理论泄漏量最大，热力耦合变形理论泄漏量介于热弹变形与力变形的理论泄漏量之间。这是由于热力耦合变形有效地将两种变形叠加到一起，而热弹变形与力变形叠加之后，变形量局部相互抵消，在根部与进口处气膜厚度更小。因而，考虑热力耦合变形理论泄漏量最符合实际情况，且较合理。

2）在相同变形状态时，干气密封泄漏量随着压力的增大而变大，压力为 5.0MPa 时的泄漏量较大。可以看出：高压高速运行时，由于泄漏量偏大，设备对密封性能的要求更高。从而证实了在干气密封计算中考虑热力耦合变形的必要性，为优化槽型结构参数提供理论基础。

3.4　基于热力耦合变形的螺旋槽几何参数优化

在微尺度气膜理论下，本节构建热力耦合变形下的广义雷诺方程，并以此为基础，建立有关气膜刚度与泄漏量之比（即刚漏比）的协调优化函数；通过对协调优化目标函数的近似求解，得到螺旋槽干气密封几何参数的最佳值。

3.4.1　热力耦合变形下的刚漏比解析式

利用 PH 线性化方法、迭代法对非线性雷诺方程式（3-2）近似求解，同时考虑，热力耦合变形气膜厚度气膜推力 F 为

$$F = 2\pi \int_{r_i}^{r_o} rp\mathrm{d}r = (\pi r_o^2 - \pi r_i^2)\left[\frac{p_i + \eta_b p_i(\eta_{1,\zeta}\cos\omega + \eta_{2,\zeta}\cos\omega)}{H} - \frac{3}{2}\beta_0\eta_b^2\eta_{2,\zeta}(\zeta_0 - \zeta)p_i\right] \tag{3-75}$$

式中：$\omega = n\varphi + \beta_0\zeta$；$\beta_0 = n\tan\alpha$；$\eta_b = \dfrac{E}{h_b + E}$；$H = 1 - \varepsilon_z\cos\varphi - \eta_b\cos\omega$。

气膜推力计算式无量纲化后为

$$\overline{F} = (F/\pi r_i^2)p_i = \left(\frac{r_o^2}{r_i^2} - 1\right)\left[\frac{p_i + \eta_b p_i(\eta_{1,\zeta}\cos\omega + \eta_{2,\zeta}\cos\omega)}{H}p_i - \frac{3}{2}\beta_0\eta_b^2\eta_{2,\zeta}(\zeta_0 - \zeta)p_i\right] \tag{3-76}$$

式中：$\eta_{1,\zeta} = c_{10}\mathrm{e}^{\zeta\sqrt{\beta_1}} + c_{10}'\mathrm{e}^{-\zeta\sqrt{\beta_1}} + \left(c_{11}\mathrm{e}^{\zeta\sqrt{\beta_1}} + c_{11}'\mathrm{e}^{-\zeta\sqrt{\beta_1}} + \dfrac{A_1}{2\sqrt{\beta_1}}\zeta\mathrm{e}^{\zeta\sqrt{\beta_1}} - \dfrac{B_1}{2\sqrt{\beta_1}}\zeta\mathrm{e}^{-\zeta\sqrt{\beta_1}}\right)\varepsilon$；

$\eta_{2,\zeta} = c_{20}\mathrm{e}^{\zeta\sqrt{\beta_1}} + c_{20}'\mathrm{e}^{-\zeta\sqrt{\beta_1}} + \left(c_{21}\mathrm{e}^{\zeta\sqrt{\beta_1}} + c_{21}'\mathrm{e}^{-\zeta\sqrt{\beta_1}} + \dfrac{A_2}{2\sqrt{\beta_1}}\zeta\mathrm{e}^{\zeta\sqrt{\beta_1}} - \dfrac{B_2}{2\sqrt{\beta_1}}\zeta\mathrm{e}^{-\zeta\sqrt{\beta_1}} - \dfrac{\alpha_2}{\beta_1}\right)\varepsilon$。

根据式（3-32）气膜刚度 K_g 表达式为

$$K_g = \frac{\mathrm{d}F}{\mathrm{d}\delta} \tag{3-77}$$

气膜刚度的无量纲化后为

$$\overline{K} = \frac{K_g}{\pi r_i^2 p_i} \tag{3-78}$$

泄漏量 Q 为

$$Q\mid_{\zeta=1} = \int_0^{h_b} 2\pi v r_i \mathrm{d}z = -\frac{\left(1 + 6Kn' + \dfrac{2}{3}Kn'^2\right)\pi p_i h_b^3}{6\mu}\frac{\partial p_b}{\partial \zeta}\bigg|_{\zeta=1} \tag{3-79}$$

将泄漏量的无量纲化为

$$Q'\mid_{\zeta=1} = Q\bigg/\frac{p_i h_b^3}{\mu} = -\frac{\left(1 + 6Kn' + \dfrac{2}{3}Kn'^2\right)\pi}{6}\left(\frac{\partial p_b}{\partial \zeta}\right)_{\zeta=1} \tag{3-80}$$

量纲为 1 的刚漏比 T 为

$$T = \frac{\overline{K}}{Q'} \tag{3-81}$$

螺旋槽的几何参数优化的约束条件为：螺旋槽内螺旋角，$70° \leqslant \beta \leqslant 80°$；密封环间隙，$3\mu m \leqslant \delta \leqslant 5\mu m$；螺旋槽的槽深，$4\mu m \leqslant 2E \leqslant 20\mu m$。

3.4.2　热力耦合变形下的刚漏比协调优化

例　取样机动环尺寸：内径 $r_i = 156.3mm$，外径 $r_o = 197.5mm$，根径 $r_r = 149.0mm$，介质压力 $p_o = 5.0MPa$，转速 $n_r = 10747r/min$，气体黏度 $\mu = 1.81 \times 10^{-5} Pa \cdot s$，内径处环境压力 $p_i = 0.1013MPa$。求：最佳的螺旋角 β，最佳的槽深比 η。

利用 Maple 软件中的计算程序，将已知条件代入式(3-81)，对其近似求解获得热力耦合变形下的螺旋角 β、槽深比 η 和刚漏比 T 之间的三维关系图(图 3-28)。

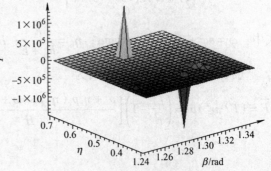

图 3-28　刚漏比 T 与螺旋角 β、槽深比 η 的三维关系图

从图 3-28 中可看出：刚漏比 T 具有两个峰值，且最大值应在 $\eta = 0.3 \sim 0.6$，$\beta = 1.27 \sim 1.33$ 的范围内。为了更加准确的得到其参数的最佳值，分别又获得了刚漏比 T 与槽深比 η 及刚漏比 T 与螺旋角 β 的各自的二维关系图(图 3-29 及图 3-30)。

由图 3-29 及图 3-30 可以看出：

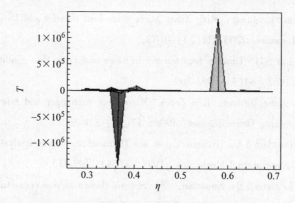

图 3-29　刚漏比 T 与槽深比 η 的二维关系图

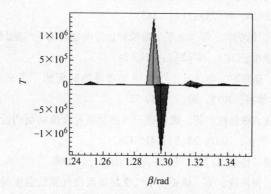

图 3-30　刚漏比 T 与螺旋角 β 的二维关系图

1）当刚漏比 T 达到最大值时，槽深比 η 的最佳值为 0.582，经计算得到此时的槽深 $2E$ 为 12.4μm。

2）螺旋角 β 的最佳值为 1.287rad，即螺旋角角度的最佳值为 73°45′43″。

此结果与实际工程应用相近，从而说明了此计算程序具有一定的精确性，采用近似计算的解析方法对不同工况下螺旋槽干气密封的槽形结构参数进行优化，为工程实际优化设计建立了一定的理论基础。

参 考 文 献

[1]　Jiang Xiaowen, Gu Boqin. Characteristic of gas film between spiral groove dry gas seal faces [J]. Journal of Chemical Industry and Engineering, 2005, 56(8): 1419-1452.

[2]　Beskok A, Karniadakis G E, Trimmer W. Rarefaction and compressibility effects in gas micro flows [J]. Journal of Fluids Engineering, 1996, 118(5): 448-456.

[3]   Ma Zheshu, Yao Shouguang, Ming Xiao. Micro scale heat transfer and its investigation progress [J]. Nature Magazine, 2003, 25(2): 76-79.

[4]   Sparrow E M, Lin S H. Laminar heat transfer in tubes under slip-flow conditions [J]. Journal of Heat Transfer, 1962, 84(4): 363-369.

[5]   Jiang Peixue, Wang Buxuan, Ren Zepei. Micro heat exchanger and relevant problems [J]. Journal of Engineering Thermophysics, 1996, 17(3): 328-332.

[6]   Offermann S, Beaudoin J L, Bissieux C, et al. Thermoelastic stress analysis under nonadiabatic conditions[J]. Experimental Mechanics, 1997, 37(4): 409-413.

[7]   Li Dongyang, Li Jiyun, Bai Shaoxian, 等. State-of-the-art of non-contacting dry gas face seals [J]. Lubrication Engineering, 2009, 34(8): 105-110.

[8]   彭旭东, 刘伟, 白少先, 等. 热弹变形对核主泵用流体静压型机械密封性能的影响[J]. 机械工程学报, 2010, 46(23): 146. 153.

[9]   丁雪兴, 蒲军军, 韩明君, 等. 基于二阶滑移边界的螺旋槽干气密封气膜刚度计算与分析 [J]. 机械工程学报, 2011, 47(23): 119-124.

[10] 丁雪兴, 苏虹, 蒲军军, 等. 基于二阶滑移边界的螺旋槽干气密封泄漏量计算与分析 [J]. 应用力学学报, 2013, 30(1): 49-53.

[11] 丁雪兴, 陈德林, 张伟政, 等. 螺旋槽干气密封微尺度流动场的近似计算及其参数优化 [J]. 应用力学学报, 2007, 24(3): 425-428.

[12] 张靖周, 常海萍. 传热学[M]. 北京: 科学出版社, 2009.

[13] 丁雪兴, 刘勇, 张伟政, 等. 螺旋槽干气密封微尺度气膜的温度场计算[J]. 化工学报, 2014, 65(4): 1353-1358.

[14] 朱恂. 速度滑移及温度跳跃区微尺度通道内的流动与换热[D]. 重庆: 重庆大学, 2002.

[15] Sun Hongwei, Gu Weizao, Liu Wenyan. Effects of slip-flow and temperature-jump on momentum and heat transport in micro-channels [J]. Journal of Engineering Thermophysics, 1998, 19 (1): 94-97.

[16] 丁雪兴, 刘勇, 陈宗杰, 等. 热耗散变形下螺旋槽干气密封微尺度气膜流动特性研究 [J]. 工程力学, 2014, 31(11): 237. 243.

[17] 顾永泉. 机械密封实用技术[M]. 北京: 机械工业出版社, 2002.

[18] 张宝忠, 肖敏. 内置式机械密封变形分析与计算[J]. 机械设计与制造, 2003, (1): 62-63.

[19] 顾永泉. 机械端面密封[M]. 东营: 石油大学出版社, 1994.

[20] 张书贵, 顾永泉. 机械密封变形的研究[J]. 石油大学学报(自然科学版), 1992, 16(2): 48-53.

[21] Stolarski T A, Xue Y. Proceedings of the institution of mechanical engineers[J]. Journal of Engineering Tribology, 1998, 212(4): 279-290.

[22] 王美华, 董勋. 人字形螺旋槽机械密封热变形及力变形[J]. 流体工程, 1992, 20(5):

34-38.

[23] 苏虹，丁雪兴，张海舟，等. 力变形下螺旋槽干气密封气膜流场近似计算及分析[J]. 工程力学，2013，30(增刊)：279-283.

[24] 丁雪兴. 干气密封螺旋槽润滑气膜的稳、动态特性研究[D]. 兰州：兰州理工大学，2008.

[25] 肖睿，辛明道，朱恂. 微矩形槽道内的气体滑移流动和传热分析[J]. 重庆大学学报(自然科学版)，2001，24(1)：99-103.

[26] 肖睿，辛明道. 边界条件对滑移区气体微槽流动和传热的影响[J]. 西安交通大学学报，2001，35(10)：1067. 1071.

[27] 韩明君，李有堂，苏虹，等. 干气密封螺旋槽内润滑气膜的热力过程[J]. 排灌机械工程学报，2012，30(4)：457. 462.

[28] 丁雪兴，苏虹，张海舟，等. 螺旋槽干气密封热力耦合流场近似计算及分析[J]. 排灌机械工程学报，2013，31(9)：788-793.

第 4 章　气膜密封环系统振动
响应及稳定性分析

以螺旋槽干气密封气膜-密封环非线性热流固耦合系统为研究对象，探寻系统的非线性动力学行为内容涉及系统轴向、角向及其耦合非线性振动分析和稳定性控制，寻求提高抗振、稳定性好且泄漏量小的螺旋槽几何参数值最佳范围，实现控制失稳、分岔和混沌运动的设想。

4.1　轴向振动响应及失稳分析

干气密封技术源于国外，解决了多年来机械密封一直不能干运转的难题，并在高速涡轮机械和泵、反应釜等低速运转设备的轴端密封中得到了广泛的应用[1,2]，其密封技术主要体现在动压效应和稳定性方面，因而保证气膜-密封环动态稳定性是干气密封可靠运行的关键[3]。2001 年 Green 和 Roger 用有限体积法同步解润滑方程和动力学方程，得出了一些密封参数如转动惯量、转速、锥度、压力等对动力学稳定性的影响，给出了密封稳定运行的临界转速[4]。2002 年 Miller 和 Green 对螺旋槽端面密封环在轴向和 2 个角向自由度上的运动加以分析，用直接数值频率响应法计算气膜的刚度和阻尼特性[5]；2003 年 Miller 等利用半解析法求解瞬态雷诺方程，获得了气膜特性规律[6]。2006 年 Haojiong Zhang、Brad A Miller 建立了三自由度（1 个轴向，2 个角向）的微扰运动方程，并用正交分解法求得了密封环三维运动规律[7]。

刘雨川、徐万孚按照小扰动线性化的分布参数法，联立气膜微扰雷诺方程和浮环运动方程，对角向摆动自振稳定性界限进行了数值分析[8,9]；杜兆年、丁雪兴等用微扰法、近似解析法对轴向振动和角向涡动下部分气膜动态特性参数进行了计算[10,11]。张伟政等利用龙格-库塔法求解轴向振动方程，获得了不同螺旋角和槽深响应的振动相轨图和时间历程图，并分析了螺旋角和槽深对振动位移的影响[12]。以上的工作很少涉及气膜和密封环流固耦合动态稳定性方面研究，尤其在结构参数对角向稳定性的影响方面未作研究。应用振动理论来研究干气密封气膜-密封环流固耦合系统的稳定性问题，寻求控制系统稳定运行的结构参数区域，从而指导干气密封的优化设计。

4.1.1　轴向振动的力学及数学模型建立

模型的假设：

1）气膜假设为非线性刚度弹簧。

2）动环随轴一起转动，其轴向位移可设定为简谐振动。

以静、动环为振子，弹簧刚度为 K_s，气膜刚度为 K_g，气膜阻尼 C_g，静环的质量为 m，静环振动位移 x，动环振动位移 x_d，建立气膜密封环系统的轴向振动模型（图4-1）。

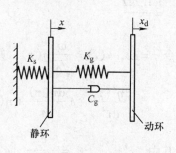

图4-1　气膜密封环系统轴向振动模型

根据气膜密封环系统轴向振动模型，建立振动方程为

$$mx'' + C_g x' + (K_s + K_g) x = K_g x_d + C_g x_d' = K_g b\cos\omega t - C_g b\omega\sin\omega t \quad (4\text{-}1)$$

式中：m 为静环的质量；K_s 为弹簧刚度；K_g 为气膜刚度；C_g 为气膜阻尼；x 为静环振动位移；x_d 为动环振动位移；b 为动环最大振幅。

4.1.2　Floquet 指数为准则的轴向振动失稳分析

1. 非线性轴向气膜刚度及气膜阻尼的拟合

采用文献［13］中的实验参数，根据气膜刚度函数表达式（3-33）和气膜非线性可以拟合气膜非线性刚度：

$$K_g = (1.7682 \times 10^{11}\alpha - 2.3063 \times 10^{11}) + x(9.5617 \times 10^{16}\alpha - $$
$$1.2473 \times 10^{17}) + x^2(1.7235 \times 10^{22}\alpha - 2.2483 \times 10^{22}) \quad (4\text{-}2)$$

拟合气膜非线性阻尼：

$$C_g = (-1.4136 \times 10^4\alpha + 1.8546 \times 10^4) + x(-7.6445 \times 10^9\alpha + 0.10030 \times 10^{10}) + $$
$$x^2(-1.3780 \times 10^{15}\alpha + 1.8081 \times 10^{15}) \quad (4\text{-}3)$$

由轴向追随性可优化出弹簧刚度（取追随性系数等于0.4）为

$$K_s = 5.0265 \times 10^8 \quad (4\text{-}4)$$

2. 轴向振动方程的简化

将式(4-2)、式(4-3)代入式(4-1)中，两边同除以 m 得

$$\ddot{x} + c_0\dot{x} + c_1 x + c_2 (x)^2 + c_3 (x)^3 = c_4\cos(\Omega t) - c_5\sin(\Omega t)$$

其中，$c_0 = \dfrac{C_g}{m}$，$c_1 = \omega^2 = \dfrac{0.4K_s}{m} + \dfrac{(1.7682 \times 10^{11}\alpha - 2.3063 \times 10^{11})}{m}$，$c_2 = $

$$\frac{(0.95617 \times 10^{16} \alpha - 1.2473 \times 10^{17})}{m}, \quad c_3 = \frac{(1.7235 \times 10^{22} \alpha - 2.2483 \times 10^{22})}{m}, \quad c_4 = \frac{bK_g}{m},$$

$$c_5 = \frac{C_g b \Omega}{m}_\circ$$

令 $\tau = \omega t$, $x(t) = \dfrac{\omega}{\sqrt{c_3}} \eta(\tau)$, 则方程变为

$$\frac{\mathrm{d}\eta^2(\tau)}{\mathrm{d}\tau^2} + c' \frac{\mathrm{d}\eta(\tau)}{\mathrm{d}\tau} + \eta(\tau) - \beta' \eta^2(\tau) + \eta^3(\tau) = g'\cos(\tilde{\omega}\tau) - \tilde{g}\sin(\tilde{\omega}\tau) \quad (4\text{-}5)$$

其中, $c' = \dfrac{c_0}{\omega}$, $\beta' = \dfrac{c_2}{\omega\sqrt{c_3}}$, $g' = \dfrac{c_4\sqrt{c_3}}{\omega^3}$, $\tilde{g} = \dfrac{c_5\sqrt{c_3}}{\omega^3}$, $\tilde{\omega} = \dfrac{\Omega}{\omega}$。

简化得

$$\frac{\mathrm{d}\eta^2(\tau)}{\mathrm{d}\tau^2} + c' \frac{\mathrm{d}\eta(\tau)}{\mathrm{d}\tau} + \eta(\tau) - \beta' \eta^2(\tau) + \eta^3(\tau) = g\cos(\tilde{\omega}\tau + \phi) \quad (4\text{-}6)$$

其中, $g = \dfrac{1}{\sqrt{(g')^2 + (\tilde{g})^2}}$, $\phi = \arctan\left(\dfrac{\tilde{g}}{g'}\right)$。

3. 非线性系统轴向振动稳定性分析

应用 PH 线性化方法及变分运算瞬态微尺度流动场的非线性雷诺方程, 得到了轴向微扰下气膜反作用力的增量, 继而利用复数转换和迭代法对稳态下气膜边值问题进行求解, 获得了气膜轴向刚度的近似解析解[10]。

量纲为 1 的气膜刚度:

$$\overline{K} = 2 \int_1^{\zeta_o} \zeta \frac{\eta(\eta_1\cos\omega + \eta_2\sin\omega)}{(1 - \eta\cos\omega_0)^2} \mathrm{d}\zeta \quad (4\text{-}7)$$

为了表示气膜刚度的非线性, 将文献[10]中的 $\eta = \dfrac{E}{E + \delta}$ 更改为 $\eta = \dfrac{E}{E + \delta + x}$。

式中: E 为槽深之半; δ 为两密封环间隙; η 为槽深度变化的相对幅度; η_1、η_2 为实部、虚部量纲为 1 的气膜压力表达式; ζ 为量纲为 1 的极径; ζ_o 为量纲为 1 的外径; ω 为当量螺旋角(rad); ω_0 为 $\phi = 0$ 时的当量螺旋角。

气膜刚度:

$$K_g = \overline{K} \frac{\pi r_i^2 p_i}{\delta} \quad (4\text{-}8)$$

选取文献[13]中实验参数: 实验气体为空气, 内径 $r_i = 58.42\text{mm}$, 外径 $r_o = 77.78\text{mm}$, 介质压力 $p_o = 4.5852\text{MPa}$, 环境压力 $p_i = 0.1013\text{MPa}$ 螺旋槽数 $n = 10$, 螺旋角 $\beta = 75°$, 转速 $n_r = 10380\text{r/min}$, 黏度 $\mu = 1.8 \times 10^{-5}\text{Pa} \cdot \text{s}$, 槽深 $2E = 5\mu\text{m}$, 密封环间隙 $\delta = 3.05\mu\text{m}$。

通过软件 Maple 对式(4-8)进行近似计算，获得了气膜-密封环系统气膜刚度 K_g 与槽深比 η、螺旋角 β 的三维关系曲面如图 4-2 所示。从图 4-2 中变化曲面可知 β 对 K_g 的影响较敏感，β 的微小变化可引起 K_g 的较大变化。在稳态优化出的螺旋角范围(70°～80°)内，存在着非连续的稳定区域。

为了更清楚的显示失稳点域，采用了二维坐标图 K_g-β 来表示(图 4-3)。从图 4-3 中可得出：在螺旋角(70°～80°)内存在着 13 处失稳点域，分别为：$\beta_1 = 70°7'59''$，$\beta_2 = 71°11'40''$，$\beta_3 = 72°47'37''$，$\beta_4 = 73°35'59''$，$\beta_5 = 74°51'17''$，$\beta_6 = 75°29'14''$，$\beta_7 = 76°29'25''$，$\beta_8 = 76°59'55''$，$\beta_9 = 77°48'56''$，$\beta_{10} = 78°13'56''$，$\beta_{11} = 78°54'32''$，$\beta_{12} = 79°15'24''$，$\beta_{13} = 79°49'31''$。

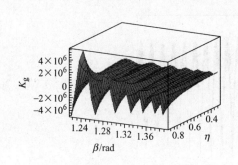 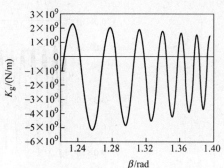

图 4-2　气膜刚度 K_g 与螺旋角 β、
　　　　槽深比 η 关系图

图 4-3　气膜刚度 K_g 与螺旋角 β 的
　　　　二维关系图($\eta = 0.45$)

在实验参数 $\beta = 75°$ 邻域内分析失稳点螺旋角 $\beta_5 = 74°51'17''$，$\beta_6 = 75°29'14''$ 的振动，利用龙格-库塔法求解轴向振动方程(4-1)，然后利用 Maple 程序计算得到失稳点振动相轨图、Pocare 映射图、时间历程图如图 4-4a～c、图 4-5a～c 所示。从图 4-4a 明显可看到存在混沌吸引子，图 4-4b 的 Pocare 映射图呈典型的马蹄形，图 4-4c 的时程图中呈现较强的非周期性，从而证实了气膜密封环系统有混沌运动的存在。

发生混沌运动时，振动位移的增大会使动静环发生碰磨现象，导致密封失效。为提高干气密封运行的稳定性，必须控制混沌运动。图 4-3 中在螺旋角 $\beta = 75°$ 邻域内知 K_g 最大值处为最佳稳定点，该点附近选取螺旋角为 $\beta_{opt} = 75°12'33''$ 的点。利用龙格-库塔法求解轴向振动下气膜密封环双自由度系统动力模型振动方程(4-1)，获得了相轨图、时间历程图如图 4-6 所示，从图 4-6b 知静环振动最大振幅为 1.001731×10^{-5} m，而动环的最大振幅为 10μm，可知动环和静环追随性最佳，证明密封系统运行稳定。

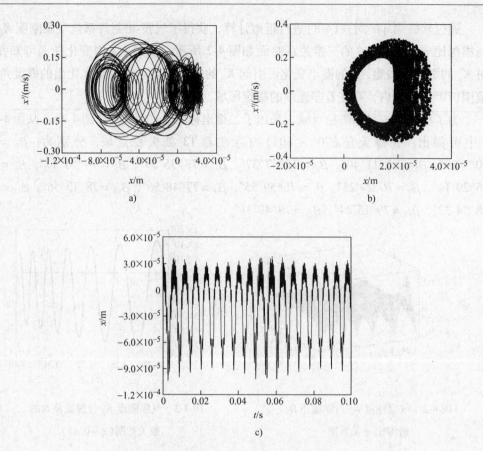

图 4-4　$\beta_5 = 74°51'17''$ 时的相轨图、Pocare 映射图、时程图

a）相轨图　b）Pocare 映射图　c）时程图

　　将密封介质空气的压力 p_o 减少为 3MPa，工作转速 n_r 下降为 8400r/min，其他参数不变。然后将密封介质空气的压力 p_o 增大为 9.45MPa，转速 n_r 上升为 11096r/min，其他参数不变。将以上两组参数通过软件 Maple 对式（4-8）进行近似计算并对比分析，获得了气膜-密封环系统轴向刚度 K_g 与螺旋角 β 的二维关系（图 4-7a、b）。从图 4-7 中可得出：螺旋角（70°~80°）存在着与图 4-3 相同的 13 处失稳点域，说明改变工况时失稳点域不变，仅幅值发生了变化。

　　（1）用 Floquet 指数方法研究系统振动分岔问题　在无外激励的条件下（$g' = 0$，$\tilde{g} = 0$），式（4-6）变为

$$\begin{cases} \eta_1'(\tau) = \eta_2(\tau) \\ \eta_2'(\tau) = -c'\eta_2(\tau) - \eta_1(\tau) + \beta'\eta_1^2(\tau) - \eta_1^3(\tau) \end{cases} \quad (4-9)$$

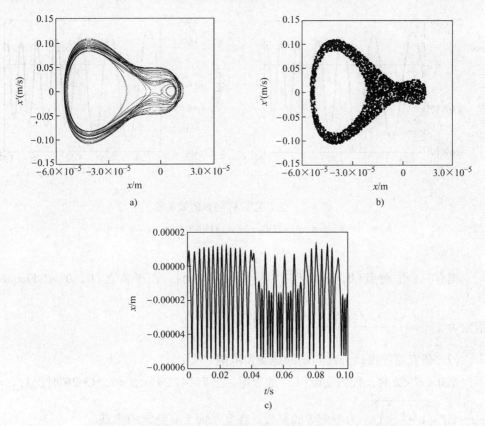

图 4-5　$\beta_6 = 75°29'14''$ 时的相轨图、Pocare 映射图、时程图

a）相轨图　b）Pocare 映射图　c）时程图

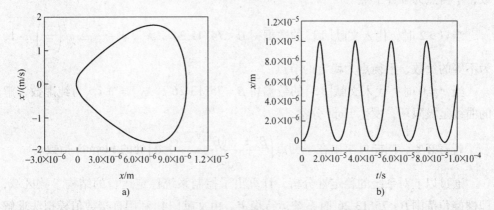

图 4-6　最佳稳定点振动的相轨图、时间历程图

a）相轨图　b）时间历程图

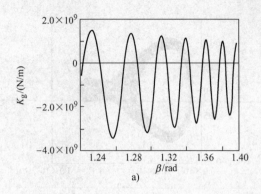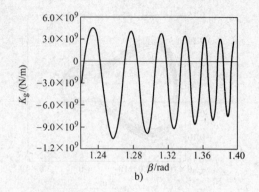

图 4-7　变工况下 K_g 与 β 的关系图

a) $n_r = 8400\text{r/min}$，$p_o = 3\text{MPa}$　b) $n_r = 11096\text{r/min}$，$p_o = 9.45\text{MPa}$

则有三个平衡点 $(0, 0)$、$\left(\dfrac{\beta' \pm \sqrt{(\beta')^2 - 4}}{2}, 0 \right)$，在平衡点 $(0, 0)$ 处 Floquet 指数为 $\lambda_{1,2} = \dfrac{-c' \pm \sqrt{(c')^2 - 4}}{2}$。

（2）研究系统振动分岔问题的螺旋角范围

当 $0 < c' < 2$ 时，代入文献[13]的数据，当 $74°41'34'' < \beta < 75°13'26''$ 时，$\lambda_{1,2} = -\dfrac{c'}{2} \pm \mathrm{i} \sqrt{1 - \left(\dfrac{c'}{2} \right)^2}$，为不相等的复数，在复平面上有稳定的焦点。

当 $c' = 2$ 时，代入文献[13]的数据得 $\beta = 74°41'34''$，$\lambda_{1,2} = -1$，为相等的负数，平衡点为临界节点。

当 $c' > 2$ 时，代入文献[13]的数据得 $\beta < 74°41'34''$，$\lambda_{1,2} = -\dfrac{c'}{2} \pm \sqrt{\left(\dfrac{c'}{2} \right)^2 - 1}$，为不等的负数，平衡点为稳定的节点。

当 $c' = 0$ 时，代入文献[13]的数据得 $\beta = 75°13'26''$，$\lambda_{1,2} = \pm \mathrm{i}$，为纯虚数，解的曲线是极限环，发生 Hopf 分岔。

若有必要，同样可求出在平衡点 $\left(\dfrac{\beta' \pm \sqrt{(\beta')^2 - 4}}{2}, 0 \right)$ 处的 Floquet 指数。

通过以上对系统的稳定性分析，计算出了控制系统稳定运行的结构参数区域，即螺旋角范围 $\beta < 75°13'26''$ 时系统运行稳定。由文献[14]利用直接数值模拟法求解轴向振动方程式（4-1），得到当螺旋角 $\beta = 75°16'09''$ 时，系统有混沌现象发生；当螺旋角 $\beta = 74°53'48''$ 时，系统运行稳定。这也验证了本结论的正确性，在工程实际中可推广应用。

（3）变工况下系统分岔问题的螺旋角范围

1）转速下降和压力减小时的分岔分析。

当 $0 < c' < 2$ 时，将转速下降至 $8400r/min$，压力减至 $3MPa$；经计算得对应螺旋角 $74°38'35'' < \beta < 75°12'36''$ 时，$\lambda_{1,2} = -\dfrac{c'}{2} \pm i\sqrt{1-\left(\dfrac{c'}{2}\right)^2}$，为不相等的复数，在复平面上有稳定的焦点。

当 $c' = 2$ 时，将转速下降至 $8400r/min$，压力减至 $3MPa$，经计算得对应螺旋角 $\beta = 74°38'35''$ 时，$\lambda_{1,2} = -1$，为相等的负数，平衡点为临界节点。

当 $c' > 2$ 时，将转速下降至 $8400r/min$，压力减至 $3MPa$；经计算得对应螺旋角 $\beta < 74°38'35''$ 时，$\lambda_{1,2} = -\dfrac{c'}{2} \pm \sqrt{\left(\dfrac{c'}{2}\right)^2 - 1}$，为不等的负数，平衡点为稳定的节点。

当 $c' = 0$ 时，将转速下降至 $8400r/min$，压力减至 $3MPa$；经计算得对应螺旋角 $\beta = 75°12'36''$ 时，$\lambda_{1,2} = \pm i$ 为纯虚数，解的曲线是极限环，发生 Hopf 分岔。

2）转速上升和压力增大时的分岔分析。

当 $0 < c' < 2$ 时，将转速升至 $11096r/min$，压力增至 $9.45MPa$；经计算对应螺旋角 $74°43'4'' < \beta < 75°14'3''$ 的，$\lambda_{1,2} = -\dfrac{c'}{2} \pm i\sqrt{1-\left(\dfrac{c'}{2}\right)^2}$，为不相等复数，在复平面上有稳定的焦点。

当 $c' = 2$ 时，将转速上升至 $11096r/min$，压力增至 $9.45MPa$；经计算得对应螺旋角 $\beta = 74°43'4''$ 时，$\lambda_{1,2} = -1$，为相等的负数，平衡点为临界节点。

当 $c' > 2$ 时，将转速上升至 $11096r/min$，压力增至 $9.45MPa$；经计算得对应螺旋角 $\beta < 74°43'4''$ 时，$\lambda_{1,2} = -\dfrac{c'}{2} \pm \sqrt{\left(\dfrac{c'}{2}\right)^2 - 1}$，为不等的负数，平衡点为稳定的节点。

当 $c' = 0$ 时，将转速上升至 $11096r/min$，压力增至 $9.45MPa$；经计算得对应螺旋角 $\beta = 75°14'3''$ 时，$\lambda_{1,2} = \pm i$，为纯虚数，解的曲线是极限环，发生 Hopf 分岔。

4.2　角向振动响应及失稳分析

应用微扰法和龙格-库塔法求解气膜密封环角向摆动运动方程，可获得临界转动惯量与螺旋角之间的定量关系，从而求出失稳时的螺旋角点域范围，并分析失稳时的系统非线性动力学行为。进而应用非线性振动理论来研究气膜密封环流固耦合系统的稳定性问题，以及寻求控制系统稳定运行的结构参数区域，为动态优化提供理论基础。

干气密封内部气膜平衡间隙尺度为微尺度(典型值为 3～5μm),显然间隙的微小变化极有可能导致动静密封环间的干摩擦或泄漏量增大,因而保证气膜-密封环动态稳定性是干气密封可靠运行的关键[3]。在进行干气密封振动响应分析时,可将三自由度(1 个轴向,2 个角向)的微扰运动简化为两个互相独立的微扰运动,一个只做轴向的微扰移动,另一个只沿两个正交轴做角向微扰摆动[15]。在轴向微扰下,Miller B、李双喜、杜兆年等分别用步进法、摄动法、近似解析法求解了气膜动态特性参数,并分析了其轴向稳定性[10,16,17]。在角向微扰下,Etsion 通过试验和理论计算获得了摆动自振频率约等于动环角速度之半[18,19];刘雨川、徐万孚按照小扰动线性化的分布参数法,联立气膜微扰雷诺方程和浮环运动方程,对角向摆动自振稳定性界限进行了数值分析[8,9];丁雪兴利用近似解析法求得了角向涡动气膜刚度的解析式[11]。但以上均未讨论密封系统涡动失稳的内在因素,即与螺旋槽几何参数的关系。应用微扰法和龙格-库塔法求解了临界转动惯量与螺旋角之间的定量关系,进而求出了失稳时的螺旋角点域范围;并利用实验结果验证了系统在试验条件下的稳定性,以及分析了失稳时的系统非线性动力学行为,为动态优化提供了理论基础。

4.2.1　角向振动的力学及数学模型建立

端面流体气膜密封不转浮环(静环)端面处,在单向任意干扰下绕其正交轴(x,y)做角向摆动 α^*、β^*,这种运动可由静环的摆动 γ^* 与其绕转环轴的进动 ψ^* 来描述,如图 4-8 所示。

对静环 2 个自由度角向扰动,建立运动方程为

$$\begin{cases} J_x\ddot{\alpha}^* + [d^* + d_{se}^*]\dot{\alpha}^* + d^*\dot{\beta}^* + [K^* + K_{sp}^*]\alpha^* + K^*\beta^* = 0 \\ J_y\ddot{\beta}^* + d^*\dot{\alpha}^* + [d^* + d_{se}^*]\dot{\beta}^* + K^*\alpha^* + [K^* + K_{sp}^*]\alpha^* = 0 \end{cases} \tag{4-10}$$

式中:J_x、J_y 为静环绕 x、y 轴的摆动惯量(因对称有 $J_x = J_y = J$);K_{sp}^* 为支撑弹簧在角向的恢复力矩刚度;d_{se}^* 为次级密封在角向的恢复力矩阻尼;K^*、d^* 分别为密封气膜在相应角向的恢复力矩刚度、恢复力矩阻尼;α^*、β^* 分别为静环绕 x、y 轴摆动角度。

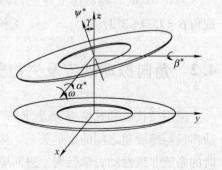

图 4-8　静环角向摆动力学模型图

4.2.2　角向刚度为准则的失稳分析

角向摆动失稳条件[8]如下:

$$J \geqslant J_{cr} \tag{4-11}$$

式中：J_{cr} 为临界转动惯量；J 为静环摆动惯量，

$$J = \frac{1}{4} m (r_o^2 - r_i^2) \tag{4-12}$$

式中，m 为密封环质量。

1. 临界摆动惯量的计算

气膜-密封环系统临界转动惯量 J_{cr} 表达式[8]为

$$J_{cr} = \frac{K_{eq}^*}{\omega_{cr}^2} \tag{4-13}$$

由文献[9]得 $\omega_{cr} = \frac{1}{2}\omega$；$K_{eq}^* = K_{sp}^* + K^*$，考虑补偿环的追随性，工程上常取弹簧的刚度小于气膜的刚度，即 $0 < \dfrac{K_{sp}^*}{K^*} < 1$，因而取中值，$K_{sp}^* = \dfrac{1}{2} K^*$，则

$$J_{cr} = \frac{3K^*}{2\pi^2 n_r^2} \tag{4-14}$$

式中，K^* 为角向摆动刚度。

2. 角向摆动刚度的计算

应用 PH 线性化方法及变分运算瞬态微尺度流动场的非线性雷诺方程，得到了气膜角向涡动刚度的解析式。继而利用复数转换和迭代法对稳态下气膜边值问题进行求解，求得了气膜涡动刚度的近似解析解。

量纲为 1 的气膜角向刚度：

$$a' = \frac{4r_i}{\delta + E} \int_1^{\zeta_0} \zeta^2 \frac{\eta(\eta_{1,\zeta}\cos\omega + \eta_{2,\zeta}\sin\omega)}{(1 - \eta\cos\omega_0)^2} d\zeta \tag{4-15}$$

其中，

$$\eta_{1,\zeta} = c_{10}e^{\zeta\sqrt{\beta_1}} + c_{10}'e^{-\zeta\sqrt{\beta_1}} + \left(c_{11}e^{\zeta\sqrt{\beta_1}} + c_{11}'e^{-\zeta\sqrt{\beta_1}} + \frac{A_1}{2\sqrt{\beta_1}}\zeta e^{\zeta\sqrt{\beta_1}} - \frac{B_1}{2\sqrt{\beta_1}}\zeta e^{-\zeta\sqrt{\beta_1}} \right)\varepsilon$$

$$\eta_{2,\zeta} = c_{20}e^{\zeta\sqrt{\beta_1}} + c_{20}'e^{-\zeta\sqrt{\beta_1}} + \left(c_{21}e^{\zeta\sqrt{\beta_1}} + c_{21}'e^{-\zeta\sqrt{\beta_1}} + \frac{A_2}{2\sqrt{\beta_1}}\zeta e^{\zeta\sqrt{\beta_1}} - \frac{B_2}{2\sqrt{\beta_1}}\zeta e^{-\zeta\sqrt{\beta_1}} - \frac{\alpha_2}{\beta_1} \right)\varepsilon$$

式中：ζ 为量纲为 1 的极径；r_i 为动环内径；δ 为密封环间隙；ζ_0 为量纲为 1 外径；η 为槽深度变化的相对幅度，$\eta = \dfrac{E}{E + \delta}$，$E$ 为 0.5 倍槽深；$\omega = n\varphi + \beta_0\zeta$；$\beta_0 = n\tan\alpha$；$n$、$\alpha$ 分别为槽数和螺旋角余角；p_i 为环境压力（内压）。

气膜角向摆动刚度：

$$K^* = a'\pi r_i^3 p_i \tag{4-16}$$

3. 特定工况角向失稳分析

选取文献[13]中的参数：实验气体为空气，内径 $r_i = 58.42\text{mm}$，外径 $r_o = 77.78\text{mm}$，介质压力 $p_o = 4.5852\text{MPa}$，环境压力 $p_i = 0.1013\text{MPa}$，螺旋槽数 $n = 10$，螺旋角 $\beta = 75°$，转速 $n_r = 10380\text{r/min}$，黏度为 $\mu = 1.8 \times 10^{-5}\text{Pa} \cdot \text{s}$，槽深 $2E = 5\mu\text{m}$，密封环间隙 $\delta = 3.05\mu\text{m}$。

（1）角向摆动失稳点的判断　　通过软件 Maple 对(4-14)~式(4-16)进行近似计算，获得了气膜-密封环系统临界转动惯量 J_{cr} 与槽深比 η、螺旋角 β 的三维关系曲面如图4-9所示。从图4-9中变化曲面可知 β 对 J_{cr} 的影响较敏感，β 的微小变化可引起 J_{cr} 的较大变化。在稳态优化出的螺旋角范围(60°~80°)内，存在着非连续的稳定区域。

为了更清楚地显示失稳点域，采用了二维坐标图 $J_{cr} - \beta$ 来表示（图4-10）。根据静环的结构设计获得静环的质量，利用静环摆动惯量计算式(4-12)求得 $J = 2.637 \times 10^{-5}\text{kg} \cdot \text{m}^2$。由角向摆动失稳条件 $J \geqslant J_{cr}$ 可知：因静环摆动惯量很小，失稳区域很窄，仅在 $J_{cr} = 0$ 处的点域。又从图4-10中可得出：螺旋角(60°~80°)存在着16处失稳点域，见表4-1。

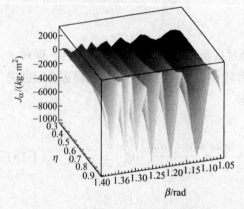 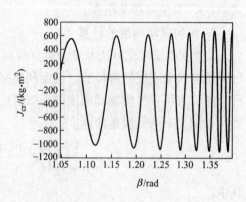

图4-9　临界转动惯量 J_{cr} 与螺旋角 β、　　　　图4-10　J_{cr} 与 β 的关系图($\eta = 0.45$)
　　　　槽深比 η 关系图

表4-1　螺旋角失稳点域范围

螺旋角范围	失　稳　点　域　范　围			
60°~70°	62.47°~62.49°	65.51°~65.53°	67.28°~67.30°	69.34°~69.36°
70°~80°	70.72°~70.74°	72.27°~72.29°	73.24°~73.26°	74.39°~74.41°
	75.25°~75.27°	76.16°~76.18°	76.85°~76.87°	77.60°~77.62°
	78.05°~78.07°	78.69°~78.71°	79.14°~79.16°	79.60°~79.62°

（2）角向摆动失稳点的振动混沌分析　在实验参数 $\beta = 75°$ 邻域内分析失稳点螺旋角 $\beta = 75.26°$ 的振动分析，利用龙格-库塔法求解角向摆动的二维振动方程（4-10），通过 Maple 数值模拟，得到失稳点的相轨图、Pocare 映射图、时间历程图、动环摩擦表面图，如图 4-11 所示。由图 4-11a 可以看出相轨图中存在混沌吸引子，说明了混沌运动的存在。改变螺旋角 $\beta = 75.26°$，其余参数不变。在成都一通密封有限公司制作样机时，并在其高速试验台上再次进行试验。运行 2h 后，目测密封端面有明显接触痕迹，且摩擦副已损坏，其动环摩擦表面如图 4-11d 所示，显然动静环发生严重碰磨。

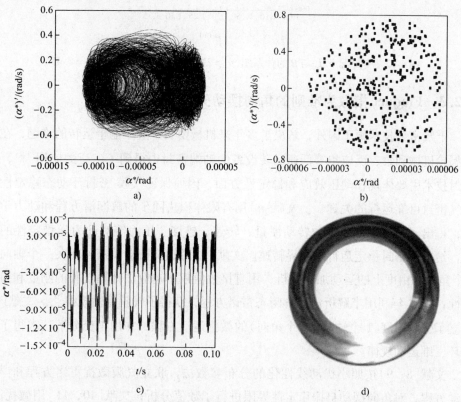

图 4-11　螺旋角 $\beta = 75.26°$ 失稳点的相轨图，Pocare 映射图，时程图，动环摩擦表面图
a）相轨图　b）Pocare 映射图　c）时程图　d）动环摩擦表面图

4. 变工况下的系统角向失稳分析

将密封介质空气的压力 p_o 减少为 2MPa，工作转速 n_r 下降为 8000 r/min，其他参数不变。通过软件 Maple 对式（4-14）~式（4-16）进行近似计算，获得了气膜-密封环系统临界转动惯量 J_{cr} 与螺旋角 β 的二维关系如图 4-12 所示。从图中可得出：

螺旋角(60°~80°)存在着与图 4-10 相同的 16 处失稳点域，说明改变工况但失稳点域不变，仅临界转动惯量 J_{cr} 的幅值发生了变化。

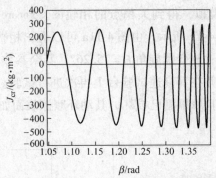

图 4-12　变工况下 J_{cr} 与 β 的关系图（$p_o = 2\text{MPa}$，$n_r = 8000\text{r/min}$，$\eta = 0.45$）

4.2.3　Floquet 指数为准则的角向摆动失稳分析

干气密封技术源于国外，解决了多年来机械密封一直不能干运转的难题，在高速涡轮机械和泵、反应釜等低速运转设备的轴端密封中得到了广泛的应用[1,2]，其密封技术主要体现在动压效应和稳定性方面，因而保证气膜-密封环动态稳定性是干气密封可靠运行的关键[3]。文献[4]用有限体积法同步的解润滑方程和动力学方程，得出了一些密封参数如转动惯量、转速、锥度、压力等对动力学稳定性的影响，给出了密封稳定运行的临界转速。文献[5]对螺旋槽端面密封环在一个轴向和 2 个角向自由度上的运动加以分析，用直接数值频率响应法计算气膜的刚度和阻尼特性；2003 年利用半解析法求解瞬态雷诺方程，获得了气膜特性规律[6]。文献[7]建立了三自由度(1 个轴向，2 个角向)的微扰运动方程，并用正交分解法求得了密封环三维运动规律。

文献[8，9]按照小扰动线性化的分布参数法，联立气膜微扰雷诺方程和浮环运动方程，对角向摆动自振稳定性界限进行了数值分析；文献[10，11]用微扰法、近似解析法对轴向振动和角向涡动下一些气膜动态特性参数进行了计算。文献[12]利用龙格-库塔法求解轴向振动方程，获得了不同螺旋角和槽深响应的振动相轨图和时间历程图，并分析了螺旋角和槽深对振动位移的影响。由上述文献可知，现今关于气膜和密封环流固耦合动态稳定性方面研究很少，尤其在结构参数对角向稳定性的影响方面未作研究。本节应用振动理论来研究干气密封气膜-密封环流固耦合系统的稳定性问题，寻求控制系统稳定运行的结构参数区域，从而指导干气密封的优化设计。

1. 角向摆动气膜刚度的非线性拟合

选取文献[13]中实验参数，由文献[11]可知：定义的轴向微扰量为复数，所以稳态下 Reynold 方程的微扰动态压力也是复变量，其实部和虚部，分别对应于气膜的刚度和阻尼。

$$a' = \frac{4r_i}{\delta + E} \int_1^{\zeta_0} \zeta^2 \frac{\eta(\eta_{1,\zeta}\cos\omega + \eta_{2,\zeta}\sin\omega)}{(1 - \eta\cos\omega_0)^2} d\zeta \tag{4-17}$$

$$c' = \frac{4r_i}{\delta + E} \int_1^{\zeta_0} \zeta^2 \frac{\eta(-\eta_{1,\zeta}\sin\omega + \eta_{2,\zeta}\cos\omega)}{(1 - \eta\cos\omega_0)^2} d\zeta \tag{4-18}$$

其中，$\eta_{1,\zeta} = c_{10}e^{\zeta\sqrt{\beta_1}} + c_{10}'e^{-\zeta\sqrt{\beta_1}} + \left(c_{11}e^{\zeta\sqrt{\beta_1}} + c_{11}'e^{-\zeta\sqrt{\beta_1}} + \frac{A_1}{2\sqrt{\beta_1}}\zeta e^{\zeta\sqrt{\beta_1}} - \frac{B_1}{2\sqrt{\beta_1}}\zeta e^{-\zeta\sqrt{\beta_1}} \right)\varepsilon$，

$\eta_{2,\zeta} = c_{20}e^{\zeta\sqrt{\beta_1}} + c_{20}'e^{-\zeta\sqrt{\beta_1}} + \left(c_{21}e^{\zeta\sqrt{\beta_1}} + c_{21}'e^{-\zeta\sqrt{\beta_1}} + \frac{A_2}{2\sqrt{\beta_1}}\zeta e^{\zeta\sqrt{\beta_1}} - \frac{B_2}{2\sqrt{\beta_1}}\zeta e^{-\zeta\sqrt{\beta_1}} - \frac{\alpha_2}{\beta_1} \right)\varepsilon$。

这里，气膜厚度表示为 $\eta = \dfrac{E}{E + \delta + r_o\alpha^*}$

气膜角向摆动刚度为

$$K^* = a'\pi r_i^3 p_i \tag{4-19}$$

拟合气膜非线性刚度为

$$K^* = (8.7371 \times 10^8\beta - 1.1398 \times 10^9) + \alpha^*(3.6744 \times 10^{13}\beta - 4.7936 \times 10^{13}) + (\alpha^*)^2(5.1510 \times 10^{17}\beta - 6.7201 \times 10^{17}) \tag{4-20}$$

由角向追随性可优化出弹簧角向刚度[20]（取追随性系数等于0.4）为

$$K_e = 2.3718 \times 10^6 \tag{4-21}$$

2. 角向摆动方程的简化

因对称式(4-10)可写为

$$J\ddot{\alpha}^* + c\dot{\alpha}^* + [K^*(\beta, \alpha^*) + K_e]\alpha^* = K^*(\beta, \alpha^*)\gamma\cos(\Omega t) - C_g(\beta)\gamma\Omega\sin(\Omega t) \tag{4-22}$$

式中：$\alpha_0 = \gamma\cos(\Omega t)$ 为动环对气膜的微扰角度，γ 为摆角幅值；$K^*(\beta, \alpha^*)$ 为非线性气膜刚度；C_g 为气膜阻尼；β 为螺旋角；K_e 为弹簧刚度；α^* 为静环的摆角。

将式(4-20)、式(4-21)代入式(4-22)中，两边同除以 J，得

$$\ddot{\alpha}^* + c_0\dot{\alpha}^* + c_1\alpha^* + c_2(\alpha^*)^2 + c_3(\alpha^*)^3 = c_4\cos(\Omega t) - c_5\sin(\Omega t)$$

其中，$c_0 = \dfrac{C_g}{J}$，$c_1 = \omega_n^2 = \dfrac{0.4K_e + (8.7371 \times 10^8\alpha - 1.1398 \times 10^9)}{J}$，$c_2 = $

$$\frac{(3.6744 \times 10^{13}\alpha - 4.7936 \times 10^{13})}{J}, \quad c_3 = \frac{(5.1510 \times 10^{17}\alpha - 6.7201 \times 10^{17})}{J}, \quad c_4 =$$

$$\frac{\gamma K^*(\beta, \alpha^*)}{J}, \quad c_5 = \frac{C_g \gamma \Omega}{J}。$$

令 $\tau = \omega t$, $\alpha^*(t) = \dfrac{\omega}{\sqrt{c_3}} x(\tau)$，则方程变为

$$\frac{dx^2(\tau)}{d\tau^2} + c'\frac{dx(\tau)}{d\tau} + x(\tau) - \beta' x^2(\tau) + x^3(\tau) = g'\cos(\tilde{\omega}\tau) - \tilde{g}\sin(\tilde{\omega}\tau) \quad (4\text{-}23)$$

其中，$c' = \dfrac{c_0}{\omega}$，$\beta' = \dfrac{c_2}{\omega\sqrt{c_3}}$，$g' = \dfrac{c_4\sqrt{c_3}}{\omega^3}$，$\tilde{g} = \dfrac{c_5\sqrt{c_3}}{\omega^3}$，$\tilde{\omega} = \dfrac{\Omega}{\omega}$。

简化得

$$\frac{dx^2(\tau)}{d\tau^2} + c'\frac{dx(\tau)}{d\tau} + x(\tau) - \beta' x^2(\tau) + x^3(\tau) = g\cos(\tilde{\omega}\tau + \phi) \quad (4\text{-}24)$$

其中，$g = \dfrac{1}{\sqrt{(g')^2 + (\tilde{g})^2}}$，$\phi = \arctan\left(\dfrac{\tilde{g}}{g'}\right)$。

3. 非线性系统角向摆动稳定性分析

（1）用 Floquet 指数方法研究系统分岔问题

在无外激励的条件下（$g' = 0$，$\tilde{g} = 0$），式（4-24）的等价方程为

$$\begin{cases} x'_1(\tau) = x_2(\tau) \\ x'_2(\tau) = -c'x_2(\tau) - x_1(\tau) + \beta' x_1^2(\tau) - x_1^3(\tau) \end{cases} \quad (4\text{-}25)$$

系统有三个平衡点 $(0, 0)$，即 $\left(\dfrac{\beta' \pm \sqrt{(\beta')^2 - 4}}{2}, 0\right)$。在平衡点 $(0, 0)$ 处 Floquet 指数为

$$\lambda_{1,2} = \frac{-c' \pm \sqrt{(c')^2 - 4}}{2}$$

（2）研究系统分岔问题的螺旋角范围

当 $0 < c' < 2$ 时，代入文献[13]数据 $75°10'30'' < \beta < 75°10'34''$，$\lambda_{1,2} = -\dfrac{c'}{2} \pm$

$i\sqrt{1 - \left(\dfrac{c'}{2}\right)^2}$，为不相等的复数，在复平面上有稳定的焦点。

当 $c' = 2$ 时，代入文献[13]的数据得 $\beta = 75°10'30''$，$\lambda_{1,2} = -1$，为相等的负数，平衡点为临界节点。

当 $c' > 2$ 时，代入文献[13]的数据得 $\beta < 75°10'30''$，$\lambda_{1,2} = -\dfrac{c'}{2} \pm \sqrt{\left(\dfrac{c'}{2}\right)^2 - 1}$，为不等的负数，平衡点为稳定的节点。

当 $c' = 0$ 时，代入文献[13]的数据得 $\beta = 75°10'34''$，$\lambda_{1,2} = \pm i$，为纯虚数，解的曲线是极限环，发生 Hopf 分岔，如图 4-13 所示。

若有必要，同样可求出在平衡点 $\left(\dfrac{\beta' \pm \sqrt{(\beta')^2 - 4}}{2},\ 0\right)$ 处的 Floquet 指数。

通过以上对系统的稳定性分析，计算出了控制系统稳定运行的结构参数区域，即螺旋角范围 $\beta < 75°10'34''$ 时系统运行稳定。由文献[20]结果知：当螺旋角 $\beta = 75°16'09''$ 时，系统有混沌现象发生；当螺旋角 $\beta = 74°53'48''$ 时，系统运行稳定。这也验证了本结论的正确性，并在工程实际中可推广应用。

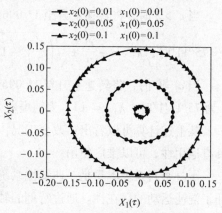

图 4-13　相轨图（Phase plane）
$c' = 0$，$\beta' = 1.485$

（3）变工况下系统分岔问题的螺旋角范围

1）转速下降和压力减小时的分岔分析。

当 $0 < c' < 2$ 时，将转速下降至 8400r/min，压力减至 3MPa；经计算：螺旋角 $75°9'50'' < \beta < 75°9'54''$ 时，$\lambda_{1,2} = -\dfrac{c'}{2} \pm i\sqrt{1 - \left(\dfrac{c'}{2}\right)^2}$，为不相等的复数，在复平面上有稳定的焦点。

当 $c' = 2$ 时，将转速下降至 8400r/min，压力减至 3MPa，经计算：螺旋角 β 为 $75°9'50''$ 时，$\lambda_{1,2} = -1$，为相等的负数，平衡点为临界节点。

当 $c' > 2$ 时，将转速下降至 8400r/min，压力减至 3MPa；经计算：螺旋角 $74°27'45'' < \beta < 75°9'50''$ 时，$\lambda_{1,2} = -\dfrac{c'}{2} \pm \sqrt{\left(\dfrac{c'}{2}\right)^2 - 1}$，为不等的负数，平衡点为稳定的节点。

当 $c' = 0$ 时，将转速下降至 8400r/min，压力减至 3MPa，经计算：螺旋角 β 为 $75°9'54''$ 时，$\lambda_{1,2} = \pm i$，为纯虚数，解的曲线是极限环，发生 Hopf 分岔。

2）转速上升和压力增大时的分岔分析。

当 $0 < c' < 2$ 时，将转速上升至 11 096r/min，压力增至 9.45MPa，经计算：螺

旋角 $75°11' < \beta < 75°11'1''$ 时，$\lambda_{1,2} = -\dfrac{c'}{2} \pm i \sqrt{1 - \left(\dfrac{c'}{2}\right)^2}$，为不相等的复数，在复平面上有稳定的焦点。

当 $c' = 2$ 时，将转速上升至 11 096r/min，压力增至 9.45MPa，经计算：螺旋角 β 为 $75°11'$ 时，$\lambda_{1,2} = -1$，为相等的负数，平衡点为临界节点。

当 $c' > 2$ 时，将转速上升至 11 096r/min，压力增至 9.45MPa，经计算：螺旋角 $\beta < 75°11'$ 时，$\lambda_{1,2} = -\dfrac{c'}{2} \pm \sqrt{\left(\dfrac{c'}{2}\right)^2 - 1}$，为不等的负数，平衡点为稳定的节点。

当 $c' = 0$ 时，将转速上升至 11 096r/min，压力增至 9.45MPa，经计算：螺旋角 β 为 $75°11'1''$ 时，$\lambda_{1,2} = \pm i$，为纯虚数，解的曲线是极限环，发生 Hopf 分岔。

从上述计算可以看出：改变工况，系统分岔点的螺旋角基本不变，说明该方法具有通用性，可以推广使用。

干气密封系统本身是一非线性系统，其动力学特性应具有非线性，通过特例验证了混沌运动的存在性。通过特例的轴向、角向振动分析，在螺旋角范围（通常为 $60° \sim 80°$）内，存在着失稳点域。改变工况，其失稳位置不改变。为了保证干气密封运行的可靠性，可通过调整干气密封螺旋槽结构参数来控制混沌运动，本节通过改变螺旋角来达到此目的。

用 Floquet 指数方法对系统稳定性进行分析，特例下给出使系统平稳运行的螺旋角范围，在工程实际的优化设计中具有指导意义。干气密封系统是一复杂非线性系统，其中的分岔行为有待实验验证。

4.3　热耗散变形下的干气密封系统轴向振动稳定性分析

在高速涡轮机械、泵、反应釜等设备的轴端密封中，干气密封内部气膜平衡间隙[21,22]为微尺度。若间隙发生微小变化，极有可能导致干摩擦和泄漏量增大，所以保证气膜-密封环动态稳定性是干气密封可靠运行的关键。因此，针对干气密封系统稳定性的分析，一直是国内外研究的热点和难点。

Zirkelback[23]、Miller[6]等分别采用有限元法、半解析法求解雷诺方程，获得了气膜特性规律。Zhang[7]建立了 3 个自由度的微扰运动方程，并用正交分解法求得了密封环三维运动规律。刘雨川[24]利用有限元法，获得了有关密封气膜稳定性的判据。杜兆年等[10,11]用微扰法、近似解析法对轴向振动和角向涡动下，部分气膜动态特性参数进行了计算。张伟政等[12]利用龙格-库塔法求解了轴向振动方程，分析了螺旋角和槽深对振动位移的影响。俞树荣[25]针对气膜-密封环系统轴向振动，探究了系统的稳定性。但是基于非线性振动理论，并未对考虑热耗散变形时的气膜-密封环流固耦合系统动态稳定性的影响做深入研究，从而会使静环发生变形，气膜厚度结构将产生变化，导致动、静环碰摩，最终引起密封失效。

　　基于非线性振动理论和微尺度内热耗散变形，研究干气密封气膜-密封环系统轴向振动的稳定性问题，探求干气密封稳定运行的结构参数区域，并与无耗散有变形、无变形的结构参数区域进行比较，可以分析干气密封运行的稳定性和指导干气密封的优化设计。

4.3.1　模型与基本方程的建立

　　模型的假设：

　　1）将气膜-密封环系统视为双自由度受迫振动。

　　2）气膜假定为具有非线性刚度的弹簧。

　　3）瞬态激振力来源于转轴对系统的干扰力，假定为简谐激振力。

　　4）动环随轴转动，其轴向位移可假定为简谐运动。

　　气膜-密封环系统轴向振动模型如图 4-14 所示。

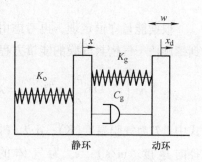

图 4-14　气膜-密封环
系统轴向振动模型

　　振动方程：

$$mx'' + C_g x' + (K_e + K_g) x = K_g x_d + C_g x_d' = K_g b\cos\omega t - C_g b\omega\sin\omega t \qquad (4\text{-}26)$$

式中：m 为静环的质量；K_e 为弹簧刚度；K_g 为气膜刚度；C_g 为气膜阻尼；x 为静环振动位移；x_d 为动环振动位移；b 为动环振幅；ω 为轴向振动频率。

4.3.2　气膜的能量方程及热弹变形

1. 气膜的能量方程

　　图 4-15 为气膜微元控制体热平衡分析模型。稳态下，由对流换热过程控制方程组[26]推导气膜的能量方程。针对图示的微元控制体，能量的变化分为径向（dr）、环向（$d\theta$）和膜厚方向（dz）。由于控制体随着轴旋转，所以考虑到转速的原因，可以忽略环向（$d\theta$）的温度变化。下面研究微元控制体径向的能量变化，以扩散和对流的形式进出控制体。

图 4-15　气膜微元
控制体热平衡模型

　　微元控制体在单位时间内由扩散所吸收的热量为

$$d\Phi_\lambda = \lambda \frac{\partial T}{\partial r} dr d\theta + \lambda r \frac{\partial^2 T}{\partial r^2} dr d\theta \tag{4-27}$$

单位时间内控制体由对流作用得到的热量为

$$d\Phi_h = -\rho c_p v T dr d\theta - \rho c_p v r \frac{\partial T}{\partial r} dr d\theta - \rho c_p T r \frac{\partial v}{\partial r} dr d\theta \tag{4-28}$$

在膜厚方向（dz）由于膜厚间隙相当小，因此膜厚方向（dz）的能量主要以扩散形式进出微元控制体，对流可以忽略。则微元控制体在膜厚方向单位时间内由扩散所吸收的热量为

$$d\Phi_\lambda' = \lambda \frac{\partial^2 T}{\partial z^2} dr d\theta \tag{4-29}$$

根据能量守恒定理，再考虑由于流体黏性耗散作用所产生的热量[27]，则能得到螺旋槽干气密封气膜的能量方程为

$$\rho c_p \left(vT + vr \frac{\partial T}{\partial r} + Tr \frac{\partial v}{\partial r} \right) = \lambda \left(\frac{\partial T}{\partial r} + r \frac{\partial^2 T}{\partial r^2} + \frac{\partial^2 T}{\partial z^2} \right) + \frac{2\mu}{r_i^2} \left(\frac{\partial u}{\partial \varphi} \right)^2 + 2\mu \left(\frac{\partial v}{\partial r} \right)^2 \tag{4-30}$$

式中：T 为气膜温度（K）；ρ 为气体密度（kg/m³）；u、v 分别为气膜的周向速度和径向速度（m/s）；c_p 为气体的比定压热容[kJ/(kg·K)]；λ 为热导率[W/(m·K)]；μ 为气体动力黏度（Pa·s）；$\frac{2\mu}{r_i^2} \left(\frac{\partial u}{\partial \varphi} \right)^2 + 2\mu \left(\frac{\partial v}{\partial r} \right)^2$ 为流体黏性耗散作用产生的热量。

忽略温度在气膜厚度方向的变化，则气膜的能量方程式（4-30）简化为

$$\rho c_p \left(vT + vr \frac{\partial T}{\partial r} + Tr \frac{\partial v}{\partial r} \right) = \lambda \left(\frac{\partial T}{\partial r} + r \frac{\partial^2 T}{\partial r^2} \right) + \frac{2\mu}{r_i^2} \left(\frac{\partial u}{\partial \varphi} \right)^2 + 2\mu \left(\frac{\partial v}{\partial r} \right)^2 \tag{4-31}$$

忽略热耗散项，得到不考虑热耗散变形时的气膜能量微分方程为

$$\rho c_p \left(vT + vr \frac{\partial T}{\partial r} + Tr \frac{\partial v}{\partial r} \right) = \lambda \left(\frac{\partial T}{\partial r} + r \frac{\partial^2 T}{\partial r^2} \right) \tag{4-32}$$

2. 干气密封密封环热弹变形

考虑到干气密封的动环材料为合金钢，静环材料为石墨，相对于静环的变形量动环变形可忽略，因此干气密封静环轴向热弹变形为[27]

$$\delta_{ta} = \alpha_l L b_f C_R \tag{4-33}$$

式中：α_l 为材料的线膨胀系数；b_f 为密封面宽度；L 为环的轴向长度；$C_R = \Delta T / b_f$ 为温度梯度。

4.3.3　气膜非线性动态特性参数

1. 气膜非线性刚度 K_g 和阻尼 C_g

应用变分法和 PH 线性化方法(非线性雷诺方程进行无量纲化，随后对非线性雷诺方程进行 PH 线性化方法，得到一级近似 PH 线性雷诺方程。在润滑层中压强小的变化可用其变分 Δp 描述，对其方程做变分运算。对变分后的运算公式在稳态边值问题条件下，引入复函数进行化简)运算干气密封螺旋槽内瞬态微尺度流动场的非线性雷诺方程，得到量纲为 1 的气膜角向涡动刚度的解析式[11]为

$$\alpha' = \frac{4r_i}{\delta + E} \int_1^{\zeta_0} \zeta^2 \frac{\eta(\eta_{1,\zeta}\cos\omega + \eta_{2,\zeta}\sin\omega)}{(1 - \eta\cos\omega_0)^2} d\zeta \tag{4-34}$$

应用 PH 线性化方法及变分运算，得到轴向微扰下气膜反作用力的增量；随后再利用复数转换和迭代法对静态下气膜边值问题进行求解，求得气膜轴向刚度的近似解析解。

由于定义的微扰量为复数[10]，即

$$K = \eta[\eta_1(\zeta) + \eta_2(\zeta)i]e^{-iw} \tag{4-35}$$

所以，稳态下雷诺方程的微扰动态压力也是复变量[30]，其实部和虚部分别对应于气膜的刚度和阻尼。由微扰动态压力的复数实部 $\mathrm{Re}\{K\} = \eta(\eta_1\cos\omega + \eta_2\sin\omega)$，得到量纲为 1 的轴向气膜刚度的计算式；由微扰动态压力的复数虚部 $\mathrm{Im}\{K\} = \eta(-\eta_1\sin\omega + \eta_2\cos\omega)$，推得量纲为 1 的轴向气膜阻尼的计算式。

量纲为 1 的气膜轴向刚度[10]、轴向阻尼为

$$\overline{K} = 2\int_1^{\zeta_0} \zeta \frac{\eta(\eta_{1,\zeta}\cos\omega + \eta_{2,\zeta}\sin\omega)}{(1 - \eta\cos\omega_0)^2} d\zeta \tag{4-36}$$

$$c = 2\int_1^{\zeta_0} \zeta \frac{\eta(-\eta_{1,\zeta}\sin\omega + \eta_{2,\zeta}\cos\omega)}{(1 - \eta\cos\omega_0)^2} d\zeta \tag{4-37}$$

式中：$\eta_{1,\zeta} = c_{10}e^{\zeta\sqrt{\beta_1}} + c_{10}'e^{-\zeta\sqrt{\beta_1}} + \left(c_{11}e^{\zeta\sqrt{\beta_1}} + c_{11}'e^{-\zeta\sqrt{\beta_1}} + \frac{A_1}{2\sqrt{\beta_1}}\zeta e^{\zeta\sqrt{\beta_1}} - \frac{B_1}{2\sqrt{\beta_1}}\zeta e^{-\zeta\sqrt{\beta_1}} \right)\varepsilon$；

$\eta_{2,\zeta} = c_{20}e^{\zeta\sqrt{\beta_1}} + c_{20}'e^{-\zeta\sqrt{\beta_1}} + \left(c_{21}e^{\zeta\sqrt{\beta_1}} + c_{21}'e^{-\zeta\sqrt{\beta_1}} + \frac{A_2}{2\sqrt{\beta_1}}\zeta e^{\zeta\sqrt{\beta_1}} - \frac{B_2}{2\sqrt{\beta_1}}\zeta e^{-\zeta\sqrt{\beta_1}} - \frac{\alpha_2}{\beta_1} \right)\varepsilon$。

其中
$$c_{10} = Ae^{\zeta\sqrt{\beta_1}} / (e^{2\zeta_0\sqrt{\beta_1}} - e^{2\sqrt{\beta_1}})$$

$$c_{10}' = -Ae^{\sqrt{\beta_1}(\zeta_0+2)} / (e^{2\zeta_0\sqrt{\beta_1}} - e^{2\sqrt{\beta_1}})$$

$$c_{11} = \frac{-A_1(\zeta_0 e^{2\zeta_0\sqrt{\beta_1}} - e^{2\sqrt{\beta_1}}) + B_1(\zeta_0 - 1)}{2\sqrt{\beta_1}(e^{2\zeta_0\sqrt{\beta_1}} - e^{2\sqrt{\beta_1}})}$$

$$c_{11}' = -A_1 e^{2\sqrt{\beta_1}}/(2\sqrt{\beta_1}) + B_1/(2\sqrt{\beta_1}) - c_{11}e^{2\sqrt{\beta_1}}$$

$$A_1 = (-\alpha_1\sqrt{\beta_1} + \alpha_2)c_{20}$$

$$B_1 = (\alpha_1\sqrt{\beta_1} + \alpha_2)c_{20}'$$

$$c_{20} = Be^{\zeta\sqrt{\beta_1}}/(e^{2\zeta_0\sqrt{\beta_1}} - e^{2\sqrt{\beta_1}})$$

$$c_{20}' = -Be^{\sqrt{\beta_1}(\zeta_0+2)}/(e^{2\zeta_0\sqrt{\beta_1}} - e^{2\sqrt{\beta_1}})$$

$$c_{21} = \frac{-\dfrac{A_2}{2\sqrt{\beta_1}}(\zeta_0 e^{2\zeta_0\sqrt{\beta_1}} - e^{2\sqrt{\beta_1}}) + \dfrac{B_2}{2\sqrt{\beta_1}}(\zeta_0 - 1) + \dfrac{\alpha_2}{\beta_1}(e^{\zeta_0\sqrt{\beta_1}} - e^{\sqrt{\beta_1}})}{e^{2\zeta_0\sqrt{\beta_1}} - e^{2\sqrt{\beta_1}}}$$

$$c_{21}' = -c_{21}e^{2\sqrt{\beta_1}} - \frac{A_2}{2\sqrt{\beta_1}}e^{2\sqrt{\beta_1}} + \frac{B_2}{2\sqrt{\beta_1}} + \frac{\alpha_2}{\beta_1}e^{\sqrt{\beta_1}}$$

$$A_2 = (\alpha_1\sqrt{\beta_1} - \alpha_2)c_{10}$$

$$B_2 = -(\alpha_1\sqrt{\beta_1} + \alpha_2)c_{10}'$$

$$A = \frac{1}{\eta}(P_0 - 1)(\cos\omega_0 - \eta)$$

$$B = -\frac{1}{\eta}(P_0 - 1)\sin\omega_0$$

另外，$n^2 + \beta_0^2 = \beta_1$，$2\beta_0 = \alpha_1\varepsilon$，$n\chi = \alpha_2\varepsilon$，$\omega = n\phi + \beta_0\zeta$，$\omega_0 = \beta_0\zeta_0$，$\beta_0 = n\tan\alpha$，

$\eta = \dfrac{E}{E + h_b + x}$。

由此，气膜非线性刚度[10,31]为

$$K_g = \overline{K}\frac{\pi r_i^2 p_i}{h_b} \tag{4-38}$$

气膜非线性阻尼为

$$C_g = c\frac{r_i p_i}{2n_r} \tag{4-39}$$

2. 实例计算

样机尺寸：内半径 $r_i = 70.6\text{mm}$，外半径 $r_o = 90.25\text{mm}$，根半径 $r_r = 80.5\text{mm}$，螺旋槽数 $n = 12$，槽深 $2E = 6\mu\text{m}$，螺旋角 $\beta = 74°51''$。

实验工艺参数：介质压力 $p_0 = 10\text{MPa}$，环境压力 $p_i = 101.3\text{kPa}$，介质气体为 N_2，转速 $n_r = 8700\text{r/min}$，气膜厚度 $h = 4\mu\text{m}$，静环质量 $m = 0.0804\text{kg}$，动环振幅 $b = 10\mu\text{m}$。

联立式(3-19)和式(3-20)，并且利用 Maple 求解，得到气膜的最小厚度为 $3.82\mu\text{m}$。计算过程中，利用迭代法和有限元的思想将非线性的气膜厚度进行逐段计算，最后对式(4-36)和式(4-37)积分，再代入式(4-38)和式(4-39)，计算后分别得到含有气膜非线性刚度和气膜非线性阻尼的两个多项式。在多项式的常数项和各个系数中将包含了干气密封的结构参数(如螺旋角等)，而螺旋角的变化直接影响螺旋槽干气密封系统的稳定运行。所以通过拟合的办法，对振动敏感参数螺旋角作为变量来研究分岔问题，将其他结构参数作为已知量。最后经过计算得到了拟合后的气膜非线性刚度和气膜非线性阻尼。

拟合气膜非线性刚度为

$$K_g = -1.464140298 \times 10^{10}x + 27370.08299\alpha + 1.121780167 \times 10^{10}x\alpha +$$
$$1.537236903 \times 10^{10}x^2\alpha - 2.006390480 \times 10^{15}x^2 -$$
$$35723.28049 \tag{4-40}$$

拟合气膜非线性阻尼为

$$C_g = 2.255004884 \times 10^9 x - 4133.671000\alpha - 1.702198358 \times 10^9 x\alpha -$$
$$2.343434071 \times 10^{14}x^2\alpha + 3.104216737 \times 10^{14}x^2 +$$
$$5476.613186 \tag{4-41}$$

由轴向追随性可优化出弹簧刚度[20]（取追随性系数等于0.4）为

$$K_e = 0.4186134080 \times 10^7 \tag{4-42}$$

3. 方程化简

将式(4-40)、式(4-41)代入式(4-26)中，两边同除以 m 得

$$x'' + c_0 x' + c_1 x + c_2 x^2 + c_3 x^3 = c_4\cos\omega t - c_5\sin\omega t \tag{4-43}$$

式中　$c_0 = \dfrac{C_g}{m}$

$$c_1 = \omega^2 = \frac{0.4K_e}{m} + \frac{340423.9179\alpha + 51622024.90}{m}$$

$$c_2 = \frac{0.1395248964 \times 10^{12}\alpha}{m} - \frac{0.1821070023 \times 10^{12}}{m}$$

$$c_3 = \frac{0.1911986198 \times 10^{17}\alpha}{m} - \frac{0.2495510548 \times 10^{17}}{m} \qquad c_4 = \frac{bK_g}{m}$$

$$c_5 = \frac{C_g b \Omega}{m}$$

令 $\tau = \omega t$，$x(t) = \frac{\omega}{\sqrt{c_3}} \eta(\tau)$，则

$$\frac{\mathrm{d}\eta^2(\tau)}{\mathrm{d}\tau^2} + c' \frac{\mathrm{d}\eta(\tau)}{\mathrm{d}\tau} + \eta(\tau) - \beta' \eta^2(\tau) + \eta^3(\tau) = g' \cos(\tilde{\omega}\tau) - \tilde{g} \sin(\tilde{\omega}\tau)$$

$$(4\text{-}44)$$

其中，$c' = \dfrac{c_0}{\omega}$，$\beta' = \dfrac{c_2}{\omega\sqrt{c_3}}$，$g' = \dfrac{c_4\sqrt{c_3}}{\omega^3}$，$\tilde{g} = \dfrac{c_5\sqrt{c_3}}{\omega^3}$，$\tilde{\omega} = \dfrac{\Omega}{\omega}$。

简化得

$$\frac{\mathrm{d}\eta^2(\tau)}{\mathrm{d}\tau^2} + c' \frac{\mathrm{d}\eta(\tau)}{\mathrm{d}\tau} + \eta(\tau) - \beta' \eta^2(\tau) + \eta^3(\tau) = g \cos(\tilde{\omega}\tau + \phi) \quad (4\text{-}45)$$

其中，$g = \dfrac{1}{\sqrt{(g')^2 + (\tilde{g})^2}}$，$\phi = \arctan\left(\dfrac{\tilde{g}}{g'}\right)$。

4. 一类非线性动力系统自由振动方程的解

考虑方程为

$$\frac{\mathrm{d}^2\eta(\tau)}{\mathrm{d}\tau^2} + \beta_1 \eta(\tau) - \beta_2 \eta^2(\tau) + \beta_3 \eta^3(\tau) = 0 \quad (\beta_1, \beta_2, \beta_3 > 0) \quad (4\text{-}46)$$

通过求此方程同宿轨道可得解为

$$\eta(\tau) = \frac{2\beta_1}{\dfrac{2}{3}\beta_2 \pm \sqrt{\left(\dfrac{2}{3}\beta_2\right)^2 - 2\beta_1\beta_3} \times \sin\sqrt{\beta_1}(\tau + c_0)} \quad (4\text{-}47)$$

且要求 $\left(\dfrac{2}{3}\beta_2\right)^2 - 2\beta_1\beta_3 > 0$。由式（4-44）知 $\beta_1 = \beta_3 = 1$，则得式（4-46）的自由振动方程的解为

$$\eta_{1,2} = \frac{2}{a \pm b\sin(\tau + c_0)}$$

其中，$a = \dfrac{2}{3}\beta_2$，$b = \sqrt{a^2 - 2} > 0$。

取 $c_0 = 0$，得到满足位移不等于零、速度不等于零的初始条件，则

$$\eta_{1,2} = \frac{2}{a \pm b\sin\tau} \quad (4\text{-}48)$$

取 $c_0 = n\pi + \dfrac{\pi}{2}$, $n = 0$, 1, 2, 3, …, 得到满足初速度为零的初始条件, 即

$$\eta_{1,2} = \frac{2}{a \pm b\cos\tau} \tag{4-49}$$

4.3.4　系统稳定性分析

1. 用 Floquet 指数方法研究系统分岔问题

在无外激励的情况下, 即 $(g' = 0, \tilde{g} = 0)$, 式(4-45)变为

$$\begin{cases} \eta_1'(t) = \eta_2(t) \\ \eta_2'(\tau) = -c'\eta_2(\tau) - \eta_1(\tau) + \beta'\eta_1^2(\tau) - \eta_1^3(\tau) \end{cases} \tag{4-50}$$

系统有三个平衡点 $(0, 0)$, 即 $\left(\dfrac{\beta' \pm \sqrt{(\beta')^2 - 4}}{2}, 0\right)$。

在平衡点 $(0, 0)$ 处 Floquet 指数为 $\lambda_{1,2} = \dfrac{-c' \pm \sqrt{(c')^2 - 4}}{2}$。

当 $0 < c' < 2$ 时, $\lambda_{1,2} = -\dfrac{c'}{2} \pm \mathrm{i}\sqrt{1 - \left(\dfrac{c'}{2}\right)^2}$, 为不相等的复数, 在复平面上有稳定的焦点(图 4-16)。

当 $c' = 2$ 时, $\lambda_{1,2} = -1$, 为相等的负数, 平衡点为临界节点(图 4-17)。

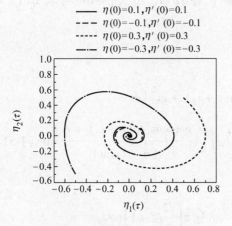

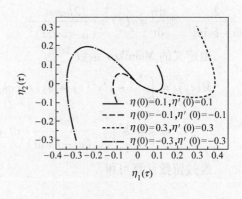

图 4-16　相图 $(c' = 1, \beta' = 1)$ 　　　　图 4-17　相图 $(c' = 2, \beta' = 1)$

当 $c' > 2$ 时, $\lambda_{1,2} = -\dfrac{c'}{2} \pm \sqrt{\left(\dfrac{c'}{2}\right)^2 - 1}$, 为不等的负数, 平衡点为稳定的节点

（图 4-18）。

当 $c' = 0$ 时，$\lambda_{1,2} = \pm i$，为纯虚数，解的曲线是极限环，发生 Hopf 分岔（图 4-19）。

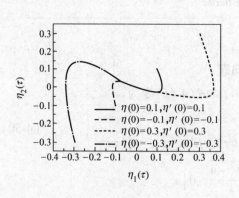

图 4-18 相图（$c' = 3$，$\beta' = 1$）

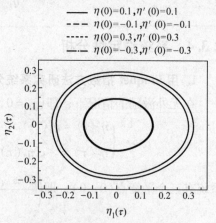

图 4-19 相图（$c' = 0$，$\beta' = 1$）

若有必要，同样可求出在平衡点 $\left(\dfrac{\beta' \pm \sqrt{(\beta')^2 - 4}}{2},\ 0\right)$ 处的 Floquet 指数。

2. Melnikov 函数

为书写方便，式（4-44）以 t 代 τ，以 ω 代替 Ω/ω，由式（4-48）可取 $\eta(t) = \dfrac{2}{a - b\sin t}$，则 $\dfrac{\mathrm{d}\eta}{\mathrm{d}t} = y(t) = \dfrac{2b\cos t}{(a - b\sin t)^2}$。

由定义的 Melnikov 函数[32]为

$$M(t_0) = \int_{-\infty}^{+\infty} \left\{ -c'y^2(t) + gy(t)\cos[\omega(t + t_0) + \phi] \right\} \mathrm{d}t$$

$$= -4c'b^2 \int_{-\infty}^{+\infty} \frac{\cos^2 t}{(a - b\sin t)^4} \mathrm{d}t + 2bg \int_{-\infty}^{+\infty} \frac{\cos t \cos[\omega(t + t_0) + \phi]}{(a - b\sin t)^2} \mathrm{d}t \quad (4-51)$$

经过留数计算可得

当 $\omega = 1$ 时，$M(t_0) = \dfrac{\sqrt{2}}{3}\left(\dfrac{4}{9}\beta'^2 - 2\right)c'\beta'\pi - \dfrac{4g\pi\left(\dfrac{\sqrt{2}}{3}\beta' + 1\right)\cos t_0}{\sqrt{\dfrac{4}{9}\beta'^2 - 2}}$

则

$$g\left(\frac{2}{3}\beta' + \sqrt{2}\right) > \frac{1}{6}\left(\frac{4}{9}\beta'^2 - 2\right)^{3/2}\beta'c' \quad (4-52)$$

当 $\omega = 3$ 时，

$$M(t_0) = -4c'b^2\left(-\frac{a\pi}{4\sqrt{2}}\right) + 2gb\left[-\frac{3\pi}{b^4}(\sqrt{2}a^3 - 6a^2 + 6\sqrt{2}a + 4)\cos 3t_0\right]$$

则

$$g(2\beta'^3\sqrt{2} - 18\beta'^2 + 27\beta'\sqrt{2} + 27) > \frac{3\sqrt{2}}{8}c'\beta'\left(\frac{4}{9}\beta'^2 - 2\right)^{5/2} \quad (4\text{-}53)$$

由式(4-52)、式(4-53)可知存在同宿点，系统可能发生混沌运动。

3. 分析热耗散下热弹变形的系统分岔时螺旋角范围

根据文中给定的工况条件和分析系统稳定性的方法，计算热耗散下热弹变形的系统分岔问题时螺旋角范围。

当 $0 < c' < 2$ 时，螺旋角 $65°43'47'' < \beta < 75°54'36''$，$\lambda_{1,2} = -\dfrac{c'}{2} \pm i\sqrt{1 - \left(\dfrac{c'}{2}\right)^2}$，为不相等的复数，在复平面上有稳定的焦点。

当 $c' = 2$ 时，$\beta = 65°43'47''$，$\lambda_{1,2} = -1$，为相等的负数，平衡点为临界节点。

当 $c' > 2$ 时，$\beta < 65°43'47''$，$\lambda_{1,2} = -\dfrac{c'}{2} \pm \sqrt{\left(\dfrac{c'}{2}\right)^2 - 1}$，为不等的负数，平衡点为稳定的节点。

当 $c' = 0$ 时，$\beta = 75°54'36''$，$\lambda_{1,2} = \pm i$，为纯虚数，解的曲线是极限环，发生 Hopf 分岔。

以上针对干气密封系统的稳定性进行了分析，获得了螺旋角 $\beta = 75°54'36''$ 时系统稳定运行。当螺旋角 $65°43'47'' < \beta < 75°54'36''$ 范围内，干气密封系统是稳定运行的，当螺旋角为 $\beta = 65°43'47''$ 和 $\beta = 75°54'36''$ 时，是干气密封系统稳定运行的临界节点。当螺旋角 $\beta < 65°43'47''$ 或 $\beta > 75°54'36''$ 情况下，干气密封系统将会发生混沌现象，系统运行将会不稳定。通过文献[14]利用直接数值模拟法求解轴向振动方程，计算出了当螺旋角为 $\beta = 76°28'19''$ 时，系统有混沌现象发生；当螺旋角为 $\beta = 74°53'26''$ 时，系统稳定运行，从而说明了本结论的正确性。

4. 不同条件下系统分岔时螺旋角范围

(1) 无变形下分岔问题的螺旋角范围　　无变形即是气膜在理想状态下进行工作，因此在计算时，根据干气密封系统和气膜厚度在理想状态下工作，不考虑热耗散和热弹变形对其的影响。

当 $0 < c' < 2$ 时，经计算对应螺旋角 $66°44'50'' < \beta < 75°45'43''$，$\lambda_{1,2} = -\dfrac{c'}{2} \pm$

$i\sqrt{1-\left(\dfrac{c'}{2}\right)^{2}}$，为不相等的复数，在复平面上有稳定的焦点。

当 $c'=2$ 时，$\beta=66°44'50''$，$\lambda_{1,2}=-1$，为相等的负数，平衡点为临界节点。

当 $c'>2$ 时，$\beta<66°44'50''$，$\lambda_{1,2}=-\dfrac{c'}{2}\pm\sqrt{\left(\dfrac{c'}{2}\right)^{2}-1}$，为不等的负数，平衡点为稳定的节点。

当 $c'=0$ 时，$\beta=75°45'43''$，$\lambda_{1,2}=\pm i$，为纯虚数，解的曲线是极限环，发生 Hopf 分岔。

当螺旋角 $\beta=75°45'43''$ 时，干气密封系统是稳定的。当螺旋角 $66°44'50''<\beta<75°45'43''$ 范围内，干气密封系统是稳定运行的，当螺旋角为 $\beta=66°44'50''$ 和 $\beta=75°45'43''$ 时，是干气密封系统稳定运行的临界节点。当螺旋角 $\beta<66°44'50''$ 或 $\beta>75°45'43''$ 情况下，干气密封系统将会发生混沌现象，系统运行将会不稳定。

（2）无热耗散有热弹变形的分岔问题的螺旋角范围

当 $0<c'<2$ 时，螺旋角 $66°2'51''<\beta<75°51'48''$，$\lambda_{1,2}=-\dfrac{c'}{2}\pm i\sqrt{1-\left(\dfrac{c'}{2}\right)^{2}}$，为不相等的复数，在复平面上有稳定的焦点。

当 $c'=2$ 时，$\beta=66°2'51''$，$\lambda_{1,2}=-1$，为相等的负数，平衡点为临界节点。

当 $c'>2$ 时，$\beta<66°2'51''$，$\lambda_{1,2}=-\dfrac{c'}{2}\pm\sqrt{\left(\dfrac{c'}{2}\right)^{2}-1}$，为不等的负数，平衡点为稳定的节点。

当 $c'=0$ 时，$\beta=75°51'48''$，$\lambda_{1,2}=\pm i$，为纯虚数，解的曲线是极限环，发生 Hopf 分岔。

当螺旋角 $\beta=75°51'48''$ 时，干气密封系统是稳定的。

当螺旋角 $66°2'51''<\beta<75°51'48''$ 范围内，干气密封系统是稳定运行的，当螺旋角为 $\beta=66°2'51''$ 和 $\beta=75°51'48''$ 时，是干气密封系统稳定运行的临界节点。

当螺旋角 $\beta<66°2'51''$ 或 $\beta>75°51'48''$ 情况下，干气密封系统将会发生混沌现象，系统运行将会不稳定。

对干气密封气膜-密封环系统轴向稳定性的分析，热耗散下热弹变形的分岔问题的螺旋角范围与无热耗散有变形和无变形的分岔问题的螺旋角范围有明显的变化。同时热耗散有变形的分叉点位置相比无热耗散有变形和无变形的分岔点更加明显。这种螺旋角失稳域的变化，说明考虑耗散下气膜-密封环流固耦合系统动态稳定性是有必要的。

4.4　热耗散变形下的干气密封角向摆动稳定性分析

随着螺旋槽干气密封性能研究的不断深入[33-35]，其以优越的性能在化工设备上得到了广泛的应用，如用于高速涡轮机械和泵、反应釜等低速运转设备的轴端密封，干气密封内部气膜平衡间隙为微尺度。若间隙发生微小变化，极有可能导致干摩擦和泄漏量增大。从而保证气膜-密封环动态稳定性是干气密封可靠运行的关键。

Zirkelback[36]、Miller[6]等分别采用有限元法、半解析法求解雷诺方程，获得了气膜特性规律。Zhang[7]建立了 3 个自由度的微扰运动方程，并用正交分解法求得了密封环三维运动规律。刘雨川、徐万孚[8,9]依据小扰动线性化的分布参数法，联立气膜微扰雷诺方程和浮环运动方程，对角向摆动自振稳定性界限进行了数值分析。杜兆年、丁雪兴等用微扰法、近似解析法对轴向振动和角向涡动下，部分气膜动态特性参数进行了计算[10,11]，利用龙格-库塔法求解了角向摆动的振动方程，获得了系统失稳时的密封结构参数并分析了螺旋角对系统稳定性的影响[37-39]。但考虑热耗散变形对气膜和密封环流固耦合动态稳定性方面的研究还较少。

从非线性振动理论出发，在考虑热耗散变形的条件下，探寻干气密封系统角向摆动的稳定性因素，寻求控制系统稳定运行的结构参数区域，并与不考虑耗散时的结果进行比较，指导干气密封的优化设计。

4.4.1　基本方程的建立及求解

气膜-密封环系统角向摆动力学模型如图 4-20 所示。

对静环，有如下 K^* 关系式为

$$J\ddot{\alpha}^* + c(\beta)\dot{\alpha}^* + [K^*(\beta, \alpha^*) + K_e]\alpha^* = K^*(\beta, \alpha^*)\gamma\cos(\Omega t) - C_g(\beta)\gamma\Omega\sin(\Omega t)$$

$$(4-54)$$

式中：J 为静环摆动的转动惯量；$\gamma\cos(\Omega t)$ 为微扰角度；Ω 为激励频率；γ 为静环摆角幅值；$K^*(\beta, \alpha^*)$ 为非线性气膜刚度；C_g 为气膜阻尼；β 为螺旋角；K_e 为弹簧刚度；α^* 为静环的摆角；$\dot{\alpha}^*$ 和 $\ddot{\alpha}^*$ 分别为摆动角的速度和加速度。

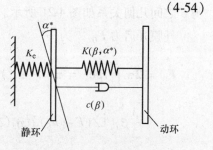

图 4-20　静环角向摆动力学模型

4.4.2　耗散下热弹变形及气膜厚度

1. 气膜能量微分方程

稳态下，气膜微元体的能量以扩散和对流方式进出控制体，在能量传递过程中[31]，考虑由于流体黏性耗散作用所产生的热量，并根据能量守恒原理，推导出干气密封气膜的能量微分方程[40]为

$$\rho c_p \left(vT + vr\frac{\partial T}{\partial r} + Tr\frac{\partial v}{\partial r} \right) = \lambda \left(\frac{\partial T}{\partial r} + r\frac{\partial^2 T}{\partial r^2} + \frac{\partial^2 T}{\partial z^2} \right) + \frac{2\mu}{r_i^2}\left(\frac{\partial u}{\partial \varphi} \right)^2 + 2\mu\left(\frac{\partial v}{\partial r} \right)^2 \quad (4\text{-}55)$$

式中：T 为气膜温度（K）；ρ 为气体密度（kg/m³）；u、v 分别为气膜的周向速度和径向速度（m/s）；c_p 为气体的比定压热容 [kJ/(kg·K)]；λ 为热导率 [W/(m·K)]；μ 为气体动力黏度（Pa·s）。

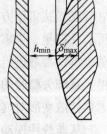

2. 螺旋槽内热弹变形

密封环轴向变形的近似公式[27]为

$$\delta_{ta} = \alpha_l L b_f C_R \quad (4\text{-}56)$$

式中：α_l 为材料的热膨胀系数；L 为环的轴向长度；b_f 为密封面简化成矩形的宽度；C_R 为温度梯度，$C_R = \Delta T / b_f$。考虑到动环材料为合金钢，静环材料为石墨，因此相对于静环的变形量动环变形可忽略。

图 4-21　气膜厚度结构简图

3. 气膜厚度计算式

无热弹变形时，气膜厚度 h_b 为常数；当有热弹变形时，气膜厚度 h_b 为变量，其表达式为

$$h_b = h_{min} + \Delta \quad (4\text{-}57)$$

$$\Delta = h_{max} - \delta' \quad (4\text{-}58)$$

式中：δ'_{max} 为静环变形量的最大值；h_{min} 为气膜厚度 h_b 的最小值。h_b、h_{min}、Δ、δ'_{max} 与 δ' 之间几何关系如图 4-21 所示。

气膜开启力 F_0[28]为

$$F_0 = 2\pi \int_{r_i}^{r_0} rp\,dr = \pi(r_0^2 - r_i^2)\left(\frac{p_i + Ep_i(\eta_1\cos\omega + \eta_2\cos\omega)/(E + h_b)}{1 - \varepsilon_z\cos\varphi - E\cos\omega/(E + h_b)} - \right.$$

$$\left. \frac{3}{2}\beta_0 [E/(E + h_b)]^2 \eta_2(\zeta_0 - \zeta)p_i \right) \quad (4\text{-}59)$$

热弹变形后，动静环气膜间建立了新的平衡态，气膜开启力 F_0 等于闭合力 F_c，即

$$F_O = F_C \tag{4-60}$$

闭合力等于静环背侧面介质压力与弹簧力之和，即

$$F_C = F_p + F_e \tag{4-61}$$

$$F_O = p_o \cdot A + F_e \tag{4-62}$$

式中：A 为静环背侧面的面积（m^2）；F_e 为弹簧力。根据上式求出力平衡时最小的气膜厚度 h_{min}。

4.4.3　非线性气膜动态特性参数的计算

1. 气膜刚度 K_g 和阻尼 C_g 的计算

应用变分法和 PH 线性化方法运算瞬态微尺度流动场的非线性雷诺方程，得到气膜角向涡动刚度的解析式。并且利用迭代法和复数转换对稳态下气膜边值问题进行求解，求得气膜角向涡动刚度的近似解析解。

量纲为 1 的气膜角向刚度、角向阻尼[11]为

$$\alpha' = \frac{4r_i}{\delta + E} \int_1^{\zeta_0} \zeta^2 \frac{\eta(\eta_{1,\zeta}\cos\omega + \eta_{2,\zeta}\sin\omega)}{(1 - \eta\cos\omega_0)^2} d\zeta \tag{4-63}$$

$$c' = \frac{4r_i}{\delta + E} \int_1^{\zeta_0} \zeta^2 \frac{\eta(-\eta_{1,\zeta}\sin\omega + \eta_{2,\zeta}\cos\omega)}{(1 - \eta\cos\omega_0)^2} d\zeta \tag{4-64}$$

其中，$\eta_{1,\zeta} = c_{10}e^{\zeta\sqrt{\beta_1}} + c'_{10}e^{-\zeta\sqrt{\beta_1}} + \left(c_{11}e^{\zeta\sqrt{\beta_1}} + \right.$

$$\left. c'_{11}e^{-\zeta\sqrt{\beta_1}} + \frac{A_1}{2\sqrt{\beta_1}}\zeta e^{\zeta\sqrt{\beta_1}} - \frac{B_1}{2\sqrt{\beta_1}}\zeta e^{-\zeta\sqrt{\beta_1}} \right)\varepsilon$$

$$\eta_{2,\zeta} = c_{20}e^{\zeta\sqrt{\beta_1}} + c'_{20}e^{-\zeta\sqrt{\beta_1}} + \left(c_{21}e^{\zeta\sqrt{\beta_1}} + \right.$$

$$\left. c'_{21}e^{-\zeta\sqrt{\beta_1}} + \frac{A_2}{2\sqrt{\beta_1}}\zeta e^{\zeta\sqrt{\beta_1}} - \frac{B_2}{2\sqrt{\beta_1}}\zeta e^{-\zeta\sqrt{\beta_1}} - \frac{\alpha_2}{\beta_1} \right)\varepsilon$$

$$c_{10} = Ae^{\zeta\sqrt{\beta_1}}/(e^{2\zeta_0\sqrt{\beta_1}} - e^{2\sqrt{\beta_1}}),$$

$$c'_{10} = -Ae^{\sqrt{\beta_1}(\zeta_0+2)}/(e^{2\zeta_0\sqrt{\beta_1}} - e^{2\sqrt{\beta_1}})$$

$$c_{20} = Be^{\zeta\sqrt{\beta_1}}/(e^{2\zeta_0\sqrt{\beta_1}} - e^{2\sqrt{\beta_1}}),$$

$$c'_{20} = -Be^{\sqrt{\beta_1}(\zeta_0+2)}/(e^{2\zeta_0\sqrt{\beta_1}} - e^{2\sqrt{\beta_1}}),$$

$$c_{11} = \frac{-A_1(\zeta_0 e^{2\zeta_0\sqrt{\beta_1}} - e^{2\sqrt{\beta_1}}) + B_1(\zeta_0 - 1)}{2\sqrt{\beta_1}(e^{2\zeta_0\sqrt{\beta_1}} - e^{2\sqrt{\beta_1}})},$$

$$c'_{11} = -A_1 e^{2\sqrt{\beta_1}}/(2\sqrt{\beta_1}) + B_1/(2\sqrt{\beta_1}) - c_{11}e^{2\sqrt{\beta_1}},$$

$$c_{21} = \cfrac{-\cfrac{A_2}{2\sqrt{\beta_1}}(\zeta_0 e^{2\zeta_0\sqrt{\beta_1}} - e^{2\sqrt{\beta_1}}) + \cfrac{B_2}{2\sqrt{\beta_1}}(\zeta_0 - 1) + \cfrac{\alpha_2}{\beta_1}(e^{\zeta_0\sqrt{\beta_1}} - e^{\sqrt{\beta_1}})}{e^{2\zeta_0\sqrt{\beta_1}} - e^{2\sqrt{\beta_1}}},$$

$$c'_{21} = -c_{21} e^{2\sqrt{\beta_1}} - \frac{A_2}{2\sqrt{\beta_1}} e^{2\sqrt{\beta_1}} + \frac{B_2}{2\sqrt{\beta_1}} + \frac{\alpha_2}{\beta_1} e^{\sqrt{\beta_1}},$$

$$A_1 = (-\alpha_1\sqrt{\beta_1} + \alpha_2)c_{20}, \quad B_1 = (\alpha_1\sqrt{\beta_1} + \alpha_2)c'_{20},$$

$$A_2 = (\alpha_1\sqrt{\beta_1} - \alpha_2)c_{10}, \quad B_2 = -(\alpha_1\sqrt{\beta_1} + \alpha_2)c'_{10},$$

$$A = \frac{1}{\eta}(p_0 - 1)(\cos\omega_0 - \eta), \quad B = -\frac{1}{\eta}(p_0 - 1)\sin\omega_0 。$$

另外，$n^2 + \beta_0^2 = \beta_1$，$2\beta_0 = \alpha_1\varepsilon$，$n\chi = \alpha_2\varepsilon$，$\omega = n\phi + \beta_0\zeta$，$\omega_0 = \beta_0\zeta_0$，$\beta_0 = n\tan\alpha$，$\eta = \dfrac{E}{E + \delta + r_0\alpha^*}$。

式中：ζ 为量纲为 1 的极径；ζ_0 为量纲为 1 的外径与内径之比；η 为槽深度变化的相对幅度；ε 为小参数。

气膜角向摆动刚度为

$$K^* = \alpha'\pi r_i^3 p_i \tag{4-65}$$

2. 实例计算

样机尺寸：内半径 $r_i = 70.6\text{mm}$，外半径 $r_o = 90.25\text{mm}$，根半径 $r_r = 80.5\text{mm}$，螺旋槽数目 $n = 12$，槽深 $2E = 6\mu\text{m}$，螺旋角 $\beta = 74°51''$。

实验工艺参数：介质压力 $p_o = 10\text{MPa}$，环境压力 $p_i = 101.3\text{kPa}$，介质气体为 N_2，转速 $n_r = 8700\text{r/min}$，静环质量 $m = 0.0804\text{kg}$，动环振幅 $b = 10\mu\text{m}$。

联立式（4-59）和式（4-62），并且利用 Maple 求解，得到气膜的最小厚度为 3.82μm。螺旋角的变化直接影响螺旋槽干气密封系统的稳定运行，因此对振动敏感参数螺旋角作为变量来研究分岔问题。将其他结构参数作为已知量，则相应的振动参数如下。

根据式（4-63）和式（4-64）拟合气膜非线性刚度：

$$\begin{aligned} K_g^* &= (0.2910693691 \times 10^{18}\beta - 0.3797449607 \times 10^{18})x^2 \\ &\quad + (0.2341421460 \times 10^{14}\beta - 0.3054794347 \times 10^{14})x \\ &\quad + 629844183.4\beta - 821755626.8 \end{aligned} \tag{4-66}$$

拟合气膜非线性阻尼：

$$\begin{aligned} C_g &= (-0.5853653932 \times 10^{17}\beta + 0.7744300803 \times 10^{17})x^2 \\ &\quad + (-0.4693280354 \times 10^{13}\beta + 0.6209445497 \times 10^{13})x \end{aligned}$$

$$-125762357.9\beta + 166398216.0 \tag{4-67}$$

由轴向追随性可优化出弹簧刚度(取追随性系数等于 0.4)为

$$K_e = 0.4186134080 \times 10^7 \tag{4-68}$$

4.4.4　基本方程的简化

将式(4-66)、式(4-67)代入式(4-54)中，两边同除以 J 得

$$\ddot{\alpha}^* + c_0\dot{\alpha}^* + c_1\alpha^* + c_2(\alpha^*)^2 + c_3(\alpha^*)^3 = c_4\cos(\Omega t) - c_5\sin(\Omega t) \tag{4-69}$$

其中，$c_0 = C_g/J$，$c_1 = \omega^2 = \dfrac{0.4K_e + (629844183.4 \times \beta - 821755626.8)}{J}$，$c_2 = \dfrac{0.2341421460 \times 10^{14} \times \beta}{J} - \dfrac{0.3054794347 \times 10^{14}}{J}$，$c_3 = \dfrac{0.2910693691 \times 10^{18} \times \beta}{J} - \dfrac{0.3797449607 \times 10^{18}}{J}$，$c_4 = \dfrac{\gamma K^*(\beta, \alpha^*)}{J}$，$c_5 = \dfrac{c\gamma\Omega}{J}$。

令 $\tau = \omega t$，$\alpha^*(t) = \dfrac{\omega}{\sqrt{c_3}}\eta(\tau)$。则方程变为一个含二次、三次项的非线性受迫振动微分方程，即

$$\frac{d\eta^2(\tau)}{d\tau^2} + c'\frac{d\eta(\tau)}{d\tau} + \eta(\tau) - \beta'\eta^2(\tau) + \eta^3(\tau) = g'\cos\tilde{\omega}\tau - \tilde{g}\sin\tilde{\omega}\tau \tag{4-70}$$

其中，$c' = \dfrac{c_0}{\omega}$，$\beta' = \dfrac{c_2}{\omega\sqrt{c_3}}$，$g' = \dfrac{c_4\sqrt{c_3}}{\omega^3}$，$\tilde{g} = \dfrac{c_5\sqrt{c_3}}{\omega^3}$，$\tilde{\omega} = \dfrac{\Omega}{\omega}$。

简化得

$$\frac{d\eta^2(\tau)}{d\tau^2} + c'\frac{d\eta(\tau)}{d\tau} + \eta(\tau) - \beta'\eta^2(\tau) + \eta^3(\tau) = g\cos(\tilde{\omega}\tau + \phi) \tag{4-71}$$

其中，$g = \dfrac{1}{\sqrt{(g')^2 + (\tilde{g})^2}}$，$\phi = \arctan\left(\dfrac{\tilde{g}}{g'}\right)$。

4.4.5　系统稳定性分析

1. 用 Floquet 指数方法研究系统分岔问题

在无外激励的情况下，即($g' = 0$，$\tilde{g} = 0$)，式(4-71)变为

$$\begin{cases} \eta_1'(t) = \eta_2(t) \\ \eta_2'(\tau) = -c'\eta_2(\tau) - \eta_1(\tau) + \beta'\eta_1^2(\tau) - \eta_1^3(\tau) \end{cases} \tag{4-72}$$

系统有三个平衡点$(0, 0)$，即$\left(\dfrac{\beta' \pm \sqrt{(\beta')^2 - 4}}{2}, 0\right)$。

在平衡点$(0, 0)$处，Floquet 指数为$\lambda_{1,2} = \dfrac{-c' \pm \sqrt{(c')^2 - 4}}{2}$。

2. 热耗散下热弹变形的系统分岔问题的螺旋角范围

当$0 < c' < 2$时，螺旋角$74°36'5'' < \beta < 75°48'32''$，$\lambda_{1,2} = -\dfrac{c'}{2} \pm i\sqrt{1 - \left(\dfrac{c'}{2}\right)^2}$，为不相等的复数，在复平面上有稳定的焦点。

当$c' = 2$时，$\beta = 74°36'5''$，$\lambda_{1,2} = -1$，为相等的负数，平衡点为临界节点。

当$c' > 2$时，$\beta < 74°36'5''$，$\lambda_{1,2} = -\dfrac{c'}{2} \pm \sqrt{\left(\dfrac{c'}{2}\right)^2 - 1}$，为不等的负数，平衡点为稳定的节点。

当$c' = 0$时，$\beta = 75°48'32''$，$\lambda_{1,2} = \pm i$，为纯虚数，解的曲线是极限环，发生 Hopf 分岔，如图 4-22 所示。

若有必要，同样可以求出在平衡点$\left(\dfrac{\beta' \pm \sqrt{(\beta')^2 - 4}}{2}, 0\right)$处的 Floquet 指数。

以上针对干气密封系统的稳定性进行了分析，获得了螺旋角$\beta = 75°48'32''$时系统稳定运行。利用直接数值模拟法求解轴向振动方程，由计算结果可知：当螺旋角为$\beta = 76°28'19''$时，系统有混沌现象发生；当螺旋角为$\beta = 74°53'26''$时，系统稳定运行，从而验证了结论的正确性。

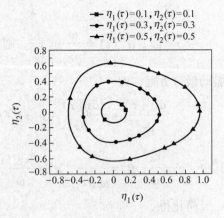

图 4-22　相图($c' = 0$)

3. 无热耗散变形下系统分岔问题的螺旋角范围

当$0 < c' < 2$时，螺旋角$74°39'37'' < \beta < 75°42'55''$，$\lambda_{1,2} = -\dfrac{c'}{2} \pm i\sqrt{1 - \left(\dfrac{c'}{2}\right)^2}$，为不相等的复数，在复平面上有稳定的焦点。

当$c' = 2$时，$\beta = 74°39'37''$，$\lambda_{1,2} = -1$，为相等的负数，平衡点为临界节点。

当$c' > 2$时，$\beta < 74°39'37''$，$\lambda_{1,2} = -\dfrac{c'}{2} \pm \sqrt{\left(\dfrac{c'}{2}\right)^2 - 1}$，为不等的负数，平衡点为稳定的节点。

当 $c' = 0$ 时，$\beta = 75°42'55''$，$\lambda_{1,2} = \pm i$，为纯虚数，解的曲线是极限环，发生 Hopf 分岔。

通过计算可以看出考虑和不考虑热耗散变形时分岔点的螺旋角范围有所区别，分岔点位置发生了变化。不同条件下的螺旋角的失稳域的变化说明在干气密封稳定运行中，需要考虑热耗散变形对气膜的影响。

参 考 文 献

[1] Aimone R J, Forsthoffer W E, Salzmann R M. Dry gas seal systems: best practices for design and selection, which can help prevent failures [J]. Turbomachinery International, 2007, 48(1): 20-21.

[2] Krivshich N G, Pavlyuk S A, Kolesnik S A, et al. Dry gas seal systems for equipment with slow shaft rotation[J]. Chemical and Petroleum Engineering, 2007, 43(11-12): 676 -680.

[3] 曹登峰，宋鹏云，李伟，等. 螺旋槽气体端面密封动力学研究进展[J]. 润滑与密封，2006，(05): 178-182.

[4] Green I, Roger M. A Simultaneous Numerical Solution for the Lubrication and Dynamic Stability of Noncontacting Gas Face Seals[J]. ASME J. Tribol, 2001, 123(4): 388-394.

[5] Miller B, Green I. Numerical Technique for Computing Rotor Dynamic Properties of Mechanical Gas Face Seal [J]. ASME J. Tribol. 2002, 124: 755-761.

[6] Miller B, Green I. Semi-Analytical Dynamic Analysis of Spiral Grooved Mechanical Gas Face Seals. ASME J. Tribol, 2003, 125(2): 403-413.

[7] Zhang Haojiong, Miller Brad A, Landers Robert G. Nonlinear Modeling of Mechanical Gas Face Seal Systems Using Proper Orthogonal Decomposition[J]. ASME J. Tribol. 2006, 128(10): 817-827.

[8] 刘雨川，徐万孚，王之栎，等. 气膜端面密封角向摆动自振稳定性[J]. 机械工程学报，2002，38(4): 1-6.

[9] 徐万孚，刘雨川，王之栎，等. 端面流体膜密封角向摆动自振产生及其半频特性的阐释[J]. 机械工程学报，2002，38(9): 43-46.

[10] 杜兆年，丁雪兴，俞树荣，等. 轴向微扰下干气密封螺旋槽润滑气膜的稳定性分析[J]. 润滑与密封，2006(10): 127-130.

[11] 丁雪兴，王悦，张伟政，等. 螺旋槽干气密封润滑气膜角向涡动的稳定性分析[J]. 北京化工大学学报，2008，35(2): 82-86.

[12] 张伟政，俞树荣，丁雪兴，等. 螺旋槽干气密封系统轴向振动响应及结构优化[J]. 排灌机械工程学报，2010，28(3): 228-232.

[13] Gabriel R P. Fundamentals of spiral Groove non-contacting Face seals[J]. Stle lubr Eng, 1994,

50(3)：215-224.

[14] 丁雪兴，张伟政，俞树荣，等. 螺旋槽干气密封系统非线性动力学行为分析[J]. 中国机械工程，2010，9：1083-1087.

[15] 刘雨川，徐万孚，王之栎，等. 端面气膜密封动力特性系数的计算[J]. 清华大学学报（自然科学版），2002，42(2)：185-189.

[16] Miller B, Green I. On the Stability of Gas Lubricated Triboelements Using the Step Jump Method [J]. ASME J Lubri, 1997, 119(1)：193-199.

[17] 李双喜，蔡纪宁，陈罕，等. 高速螺旋槽气体密封轴向微扰的有限元分析[J]. 北京化工大学学报，2003，30(1)：52-56.

[18] Etsion I. An analysis of mechanical face seal vibration[J]. Journal of Lubrication Technology, 1981, 103(4)：428-435.

[19] Etsion I, Burton R A. Observation of self-excited wobble in face seals[J]. Journal of Lubrication Technology, 1979, 101(4)：526-528.

[20] 朱丽. 螺旋槽干气密封系统非线性动力学行为研究[D]. 兰州：兰州理工大学，2011.

[21] Aimone R J, Forsthoffer W E, Salzmann R M. Dry gas seal systems：Best practices for design and selection, which can help prevent failures [J]. Turbomachinery International, 2007, 48(1)：20-21.

[22] Krivshich N G, Pavlyuk S A, Kolesnik S A, et al. Dry gas seal systems for equipment with slow shaft rotation [J]. Chemical and Petroleum Engineering, 2007, 43(11-12)：676-680.

[23] Zirkelback N. Parametric Study of Spiral Groove Gas Face Seals[J]. Tribology Transactions, 2000, 43(2)：337-343.

[24] 刘雨川. 端面气膜密封特性研究 D. 北京：北京航空航天大学，1999.

[25] 俞树荣，朱丽，丁雪兴，等. 干气密封气膜—密封环系统轴向振动动力稳定性分析[J]. 振动与冲击，2012，31(15)：101-104.

[26] 张靖周，常海萍. 传热学[M]. 北京：科学出版社，2009：97-100.

[27] 顾永泉. 机械密封实用技术[M]. 北京：机械工业出版社，2002：141-145.

[28] 丁雪兴，蒲军军，韩明君，等. 基于二阶滑移边界的螺旋槽干气密封气膜刚度计算与分析[J]. 机械工程学报，2011，47(23)：119-124.

[29] 苏虹，丁雪兴，张海舟，等. 力变形下螺旋槽干气密封气膜流场近似计算及分析[J]. 工程力学，2013，30(增刊)：279-283.

[30] 张伟政，俞树荣，丁雪兴，等. 螺旋槽干气密封微尺度流动场的动压计算[J]. 兰州理工大学学报，2006，32(6)：72-75.

[31] 韩明君，李有堂，朱丽，等. 干气密封系统轴向非线性动力稳定性分析[J]. 化工机械，2012，39(03)：308-312.

[32] 陈士华，陆君安. 混沌动力学初步[M]. 武汉：武汉水利电力大学出版社，1998.

[33] Gad el Hak M. The fluid mechanics of micro devices-the freeman scholar lecture [J]. Transac-

tions of the ASME, Journal of Fluids Engineering, 1999(121)：5-33.

[34]　Gad el Hak M. Review：flow physics in MEMS[J]．Mecanique and Industries, 2001(2)：313-341.

[35]　Kassner M E, Nemat-Nasser S, Suo Z. et al- New directions in mechanics [J]．Mechanics of Materials, 2005(37)：231-259.

[36]　Zirkelback N. Parametric Study of Spiral Groove Gas Face Seals[J]．Tribology Transactions, 2000, 43(2)：337-343.

[37]　张伟政，俞树荣，丁雪兴，等．干气密封系统角向摆动的稳定性及其振动响应[J]．振动与冲击，2011，30(3)：96-99.

[38]　韩明君，李有堂，朱丽，等．干气密封气膜-密封环系统角向摆动的失稳分析[J]．北京工业大学学报，2012，38(11)：1648-1653.

[39]　韩明君，李有堂，朱丽，等．干气密封系统角向摆动非线性稳定性分析[J]．应用力学学报，2013，30(4)：604-607.

[40]　丁雪兴，刘勇，张伟政，等．螺旋槽干气密封微尺度气膜的温度场计算[J]．化工学报，2014，65(4)：1353-1358.

第 5 章 螺旋槽干气密封特性参数的试验研究

近年来，随着密封技术的不断发展和完善，出现了一种称之为干式气体密封[1]（dry running gas seal，DRGS）的新型轴端密封，国内外学者主要采用数值模拟和动力学分析方法研究气体端面密封的性能[2-6]。在气体端面密封性能的试验研究方面，国内学者研究较少而国外学者研究较多[7]。在国外，1984 年 Etsion[8] 对非接触式锥面机械密封的动态性能做了试验，采用 3 个传感器来监测静环的工作情况，对密封失效和稳定工作原因做了解释。1989 年 Kollinger[9] 从理论和试验上对气体润滑机械密封的振动特性进行了分析，阐述了轴向激励振动对气体润滑密封稳定运转的影响。在国内，2003 年徐万孚[10] 设计制造了 WAN-DEF288 型螺旋槽干气密封，进行了工业模拟运行试验，提出了密封系统"角相气膜振荡"的现象及其抑制的原理。2005 年陈铭等[11] 采用电涡流位移传感器、金属管浮子流量计、多功能智能转速仪和电阻应变式转矩仪对气膜厚度、泄漏量、转速和转矩等进行了测量。

由于密封环端面间隙仅有几微米，因而气膜微小变化会直接影响动、静环端面的摩擦与泄漏量的变化；同时，动、静环的轴向振动位移和振动频率也会直接影响端面气膜厚度的变化和干气密封运行的稳定性。理论要通过试验进行验证与指导，同时为以后高参数密封系统进行在线监测和调控功能提供重要的基础。因此，密封系统试验研究显得尤为重要。

采用 LabVIEW 软件编写程序建立干气密封端面参数测试系统，选用不同型号的传感器及相应的硬件设备，采取必要的抗干扰措施，对微尺度端面流场参数（气膜压力、气膜厚度、泄漏量、功耗和密封环振动位移）进行测量。本章创新点在于测试研究的气膜厚度仅为 3~5μm，并且测试的振动幅值更微小，对气膜振动幅值进行测试极其困难，这是国内测试研究的重点，也是国内外测试研究的难点。本章重点对密封系统振动参数测试，并测出动、静环在微尺度范围内的振动幅值；再通过 LabVIEW 软件对测得数据进行处理与频谱分析。通过气膜和静环的位移变化量分析，得出影响干气密封稳定运行的气膜刚度随压力和转速的变化量。

5.1 螺旋槽干气密封测试系统

干气密封测试系统由试验台、硬件、软件及抗干扰系统组成。

5.1.1　螺旋槽干气密封试验台

螺旋槽干气密封试验台如图 5-1 所示，主要由四部分组成，分别是传动系统、供气系统、密封系统和测试系统。测试系统可以测量的参数包括轴转速、转矩、泄漏量、功耗、气膜轴向刚度、振动量等。

图 5-1　螺旋槽干气密封试验台

5.1.2　测试系统的硬件简介

1. 信号调理系统

信号调理系统采用硬件、软件系统及控制系统，把位移振动非电量信号转换成电信号，再通过数据采集卡，实现对传感器信号的多路开关选择、程控放大、采样/保持、A/D 转换，通过接口电路，将传感器输出的数字信号进行整形或电平调整，然后再传送到计算机。LabVIEW 软件是一种典型的虚拟仪器开发平台[12]，试验的实时数据采集及处理就是基于 LabVIEW 平台上进行的。

2. 数据采集卡

数据采集卡采用北京阿尔泰科技发展有限公司生产的 PCI8622 型，如图 5-2 所示。此数据采集卡是基于 PCI 总线的数据采集卡，可直接插在 IBM-PC/AT 或与之兼容的计算机内任一 PCI 插槽中，可在实验室、产品质量检测中心等各领域进行数据采集、波形分析和处理，同时可以构成工业过程监控系统。PCI6822 数据采集卡具有实时的信号处理、数字图像处理越来越高速化、高精度化特点。因此 PCI8622 数据采集卡综合国内外同类产品的优点，如使用便捷、性价比极高、性能稳定等优点，广泛应用在电子产品的信号采集、质量检测、伺服控制和过程控制等方面，螺旋槽干气密封测试就是应用其信号采集的功能。

图 5-2　PCI8622 数据采集卡

AD 模拟量转换器类型：AD7663；输入量：±10V、±5V、±2.5V、0.10V、0.5V；转化精采样通道数：通过设置首通道和末通道来实现；通道切换方式：采取首末通道顺序切换；数据读取方式：非空和半满查询方式、DMA 方式；储存器深度：8KB（点）FIFO 存储器；存储器标志：非空、半满和溢出；异步与同步：可实现连续（异步度：16 位；采集速度：1~250Hz；模拟输入通道总数：32 路单端，16 路双端）与分组（伪同步）采集；组间间隔：软件可设置最小采样周期，最大为 419 430μs；组循环次数：最小为 1 次，最大为 255 次；时钟源选项：可选板内、板外时钟软件；触发模式：软件内部触发和硬件后触发；触发类型：数字边沿触发和脉冲电平触发；触发方向：负向、正向、正负向触发；触发源：DTR（数字触发信号）；程控放大器类型：默认为 AD8251，兼容 AD8250、AD8253；模拟输入阻抗：10MΩ，放大器建立时间：785ns（0.001%）（工作温度：−40~85℃）。

DI 数字量输入功能：通道数为 16 路；电气标准为 TTL 兼容；高电平的最低电压为 2V，低电平的最高电压为 0.8V。

DO 数字量输出功能：通道数为 16 路；电气标准为 CMOS 兼容；高电平的最低电压为 4.45V，低电平的最高电压为 0.5V。

CNT 定时/计数器功能：最高时基为 20MHz 的 16 位计数器/定时器；功能模式为计数器和脉冲发生器；时钟源为本地时钟（620Hz ～20MHz）和外部时钟（最高频率为 20MHz）；门控为上升沿、下降沿、高电平和低电平；计数器输出为高电平、低电平；脉冲发生器输出：脉冲方式和占空比设定波形方式；板载时钟振荡器为 40MHz。

5.1.3　测试系统的软件设计简介

1. 测试系统的主程序 LabVIEW 软件

LabVIEW 是一种程序开发环境，由美国国家仪器（NI）公司研制开发，而 LabVIEW 使用的是图形化编辑语言 G 编写程序，产生的程序是框图的形式。LabVIEW 开发环境集成了工程师和科学家快速构建各种应用所需的所有工具，旨在帮助工程师和科学家解决问题、提高生产力和不断创新。

2. 电动机转速调控程序

电机转速调控采用 LabVIEW 软件进行程序编写，通过与电动机控制系统相互连接，实现对电动机的控制，从而实现对主轴的起始与转速的调控。电动机转速可在 0 ～3000r/min 范围内任意调控，改变主轴的转速，从而实现在不同转速工况条件下对干气密封参数进行测试，使试验测试时更加方便、准确。电动机转速控制系统程序框图如图 5-3 所示。

3. 信号的采集及输出

信号分为确定性信号和非确定性信号两大类。确定性信号包括周期性信号和非周期性信号两种；非确定性信号包括平稳随机信号和非平稳随机信号两种。采样的周期或频率大小决定了采样的质量和数量，将直接影响数据的后处理。如果周期确定太小，即采样频率太大，则需要很大的存储空间对数据进行存储；反之，则会使信号的数据丢失，在恢复成原来的信号时，会导致波形失真，影响测试准确度。因此，合理地选择采样周期或采样频率是非常重要的。

本试验在内存空间允许的情况下，增大频率采集测量参数。采样频率选择 f = 2500Hz，采用高频采集，根据奈奎斯特理论，采样频率至少是系统元件最高频率的两倍。通过增大采样频率，使得采样点数增加并且在每个周期中采集多组数据，防止数据丢失和波形失真，提高测试数据的精确度。同时在数据采集频率中应留有适当的裕量，防止对信号做数据处理时发生混叠现象。采集的数据通过 LabVIEW 软件的数据保存功能保存到相应路径下的记事本中，同时还可以通过屏幕录像功能，将测试过程显示的波形图和数据以视频形式保存，如图 5-4 所示，对以后的数据分析与处理有重要的作用。

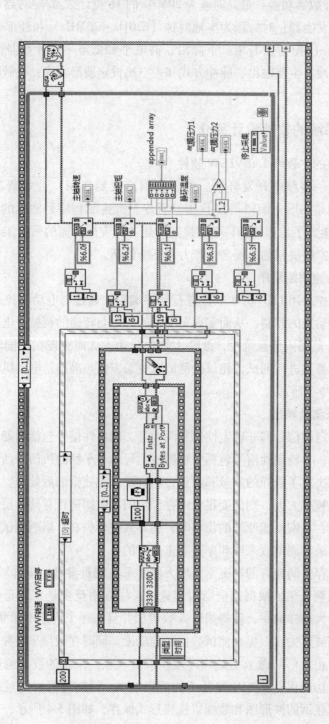

图5-3　电动机转速控制系统程序框图

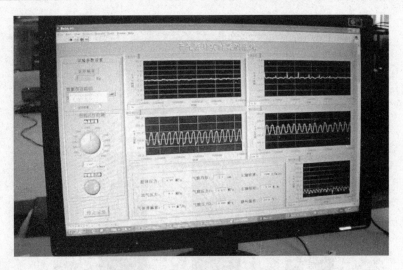

图 5-4　实时数据监测主界面图

4. 测试系统后处理程序

本试验采用 LabVIEW 软件的数据保存功能，将数据以记事本的形式和录像视频的形式保存于计算机内部。保存下的数据可以采用不同数据处理软件对数据进行处理，还可以对监测过程进行在线观测。本试验采用了功能强大的 LabVIEW 软件后处理功能，通过编写后处理程序，对数据后处理过程进行滤波和频谱分析。通过测得的振动幅值和频率与电动机的工频进行比较分析，研究干气密封系统的工作运转情况，从而更好地指导理论研究，如图 5-5 所示。

干气密封数据后处理程序中包括原始数值的波形显示，滤波之后周期波形放大的波形图显示和通过数据处理之后的频谱分析数值。界面左边为采样数据的文件路径、采样参数数据的选取和后处理参数设置。参数数据的选取包括所测得的性能参数和稳定性参数。在参数设置中，中值滤波参数设置主要是对原始数据进行中值滤波，根据数据干扰程序选取不同的值。值越小滤波后数据越接近真实值，但滤波效果越差；值越大滤波效果越好，但容易失真。根据实际情况，设置左阶数为 - 10，右阶数为 10。截取数据段指从大量的采集数据中截取一段数据，以利于数据分析。截取的数据段起始位长度应小于数据总长度，截取数据段长度的起始位为 1024，长度为 10240。

数据后处理波形框图如图 5-6 所示。选取特定工况下，即当压力和转速一定时，测得各参数数据的后处理波形。本书仅对后处理程序进行简介，总体的数据处理将在 5.4 节试验数据与理论值比较分析中具体介绍。

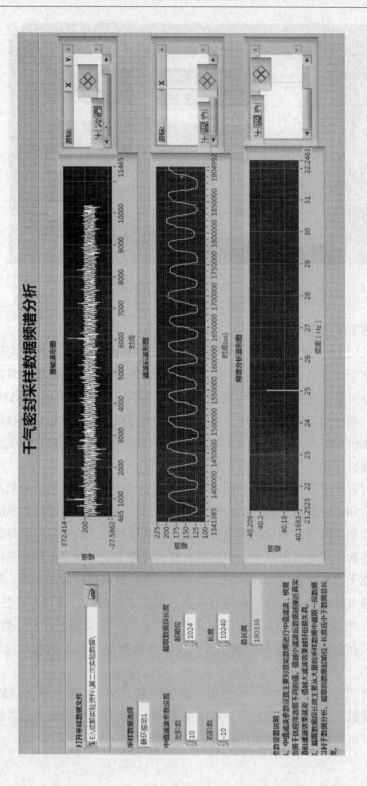

图5-5 数据处理主界面图

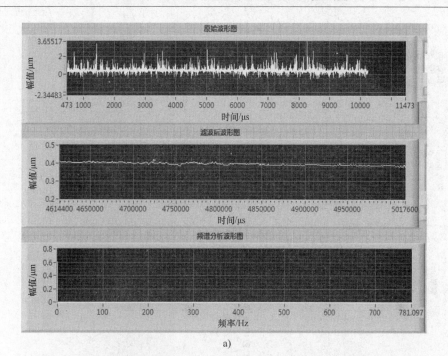

a)

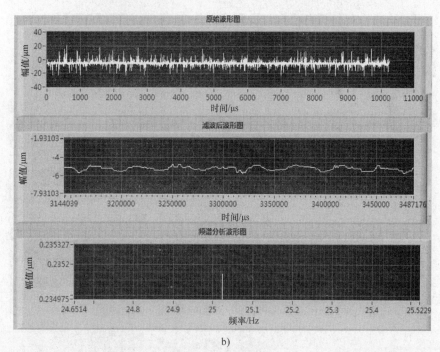

b)

图 5-6　数据后处理波形图

a) 泄漏量数据波形图　　b) 气膜振动数据波形图

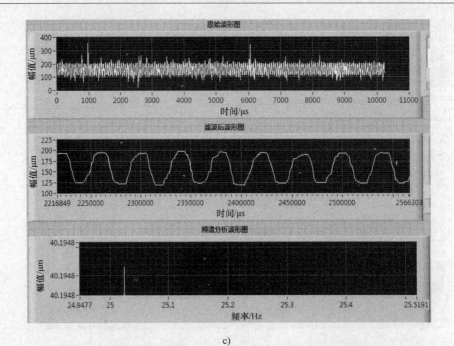

c)

d)

图 5-6   数据后处理波形图（续）

c）静环振动数据波形图   d）动环振动数据波形图

实测转矩和空载时的转矩即可得到端面摩擦转矩 M_e（与刚漏比区分），实测转矩 $M_f = M_e + M_m$，M_e 是密封端面摩擦转矩，M_m 是主轴空载转矩；再通过摩擦功耗公式 $W = \dfrac{M_e \cdot n}{9550}$，求得端面摩擦功耗。

通过端面推力的变化量和气膜厚度的变化量可以求得密封环端面的气膜刚度。气膜刚度为气膜推力与气膜位移变化量的比值，因而气膜刚度可通过分别测量端面推力和气膜位移变化量而得到。根据平衡定理，当干气密封系统运转稳定时，动环端面产生的开启力（端面推力）与静环背侧介质压力和弹簧弹力的合力相等。

5.1.4　测试系统抗干扰措施

本试验是在气膜厚度极薄、振动量极小的微尺度情况下进行测量的，且在密封腔内部进行测量，所以测量难度极大，一般位移传感器难以对如此小的位移变化做出精确响应。所以针对此类问题，选用高精度改进型微型传感器、必要的抗干扰措施，采用导磁性较好的硬质合金（碳化钨）作为动环材质进行微尺度测量试验研究。干扰的三大要素一般是由干扰源、传输通道和干扰敏感的测试设备构成。干气密封测试系统抑制干扰主要有以下三项具体措施。

1）降低干扰源的干扰。采用接地技术可以在一定程度上消除设备带来的干扰。

2）提高传输通道的抗干扰能力。尽量缩短传输导线的长度；采用屏蔽技术，所有传感器导线采用高密屏蔽铜网，减少干扰磁场的影响。

3）提高敏感测试设备的抗干扰能力。将原来输入阻抗 $10\mathrm{M}\Omega$ 提高到了 $1\mathrm{G}\Omega$，保证干扰电流不会影响流入信号。同时，采用双端输入方式，即使用正负两个通道实现一路信号的输入，这样可以有效抑制共模干扰信号，提高采集精度。

5.2　试验用样机的主要参数

5.2.1　密封环结构参数

外径 $d_o = 190.5\mathrm{mm}$，内径 $d_i = 139\mathrm{mm}$，螺旋槽槽根直径 $d_g = 169\mathrm{mm}$，螺旋角 $\beta = 76°$，槽深 $2E = 6.8\mu\mathrm{m}$，槽数 $n = 18$。静环尺寸及开孔位置如图 5-7 所示。

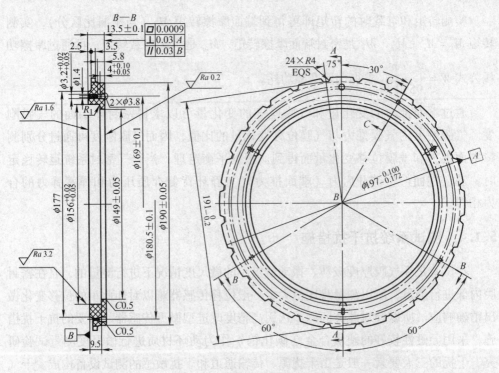

图 5-7　静环尺寸及开孔位置

5.2.2　试验工况参数

试验介质采用经过滤的压缩空气，其进气温度为室温，黏度 $\mu = 1.81 \times 10^{-5} \mathrm{Pa \cdot s}$，主轴的最大工作转速为 3000r/min。

5.2.3　样机零部件

样机传动系统如图 5-8 所示，主要由无级调速直流电动机、转矩信号耦合器、主轴和滚动轴承等组成。直流电动机功率为 11kW，电动机转速可以在 0 ~ 3000r/min 间调速。在主轴与密封主轴之间，选用具有较好缓冲减振能力的弹性联轴器将它们连接。

供气系统局部图如图 5-9 所示，为了模拟气体密封的

图 5-8　样机传动系统

工作情况，需要外部提供加压过滤气源作为密封介质气体。供气系统主要由空气压缩机、高压气瓶、过滤器、调压稳压器、气阀、管路等组成。

图 5-9　供气系统局部图

被测密封系统采用双端面密封结构，密封系统如图 5-10 所示。为消除轴向力的影响，采用面对面安装；由于需要测量温度、气膜厚度、气膜压力、振动量等参

图 5-10　密封系统

数，需要在密封环上埋入温度、压力、位移等传感器，因此专门定制了密封静环，且对密封整体结构进行改进，有利于安装和测试。同传统的干气密封结构相比，还对一些关键部位进行了一系列优化改造，尽最大可能消除试验的系统误差。

干气密封试验样机密封装配如图 5-11 所示。测试及处理系统如图 5-12 所示。

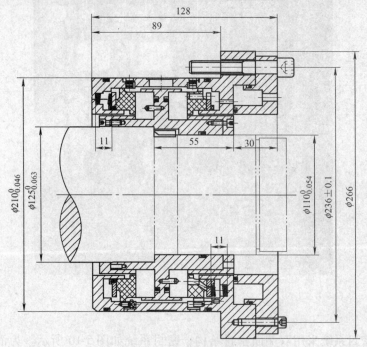

图 5-11　样机密封装配

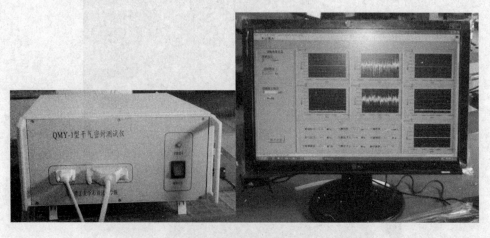

图 5-12　测试及处理系统

5.3　干气密封特性参数的测试技术

5.3.1　泄漏量测试技术

　　该螺旋槽干气密封样机试验台使用承德热河罗尼仪表有限公司生产的金属管流量传感器，型号为 H250/RR1/M9/ESK2A/（1 套），它能够准确地测量出微量气体，测量精度达到 $0.001 m^3/h$，测量信号既可数字化显示在显示器上，又可直接输入到计算机中，方便地对数据进行处理。

　　金属管浮子流量计由锥管、浮子、指示器（转换器）等组成，是基于浮子位置测量的一种可变面积式流量仪表[13-18]。它利用流体的动力作用使浮子在测量管中上下或左右自由移动，当浮子所受的升力与重力平衡时，浮子就静止在某一位置。随着流量的变化，浮子与锥形测量管间的环形面积也随之改变，这是一个动态平衡状态。浮子的位置由其内藏磁钢通过磁耦合作用传递给测量管外的指示器，从而以非接触方式指示出流体的流量，或再由转换器转换成相应的电信号（4 ~ 20mA、0 ~ 10V）或频率信号，与各类二次仪表、计算机联网实现流量的远距离显示、记录、调节、计算和控制。

5.3.2　功耗测试技术

　　干气密封功耗的测量有三种方法[19-22]。第一种是测量电功率。事先标定试验装置本身的空载功率，然后由密封运转时的总功率减去空载功率即为密封功率。第二种通过测量转矩和转速、角速度来计算功率。同样，计算中应减去试验装置的空载转动力矩。第三种是热平衡法，即通过测量密封流体的循环流量和进出口温差来计算功耗。

　　本试验装置采用第二种方法，通过测量转矩计算功率。干气密封端面摩擦转矩的测试技术目前主要有支反力法和传递法。

　　支反力法是根据动力机械在转矩作用下所产生的支座反力的变化来测量摩擦转矩的。其优点是不存在旋转件到静止件的信号传输问题，而且确定支座反作用力的方法简便、容易实施。在可转动密封腔上设置测力杆，并使之作用于力传感器上，由此测得转矩。但是，密封腔旋转支承的摩擦会影响测试精度，所以对旋转支承要求极高。

　　传递法是根据弹性元件在传递转矩时所产生的物理参数的变化来测量转矩的。采用传递法测量转矩的仪器小巧轻便，转矩传感器可以直接串接到传动系统中，而无须改变机械系统结构。在电动机与密封主轴之间安装转矩传感器，测量转轴转矩，将所测得的转矩减去空载运行时主轴承的摩擦转矩和旋转件在介质中的搅拌转矩，便可求得干气密封端面摩擦转矩。

本试验采用北京华欣机电有限公司生产的 HX-906（50N·m）盘式转矩信号耦合器，量程范围为 0~50N·m；精度为 0.5% F·S；适用转速为 10000r/min 以下；环境温度为 0~50℃；频率响应为 100μs；自重为 5.2kg；输出信号为 0~12V 方波频率；负载电流 <10mA；零转矩为 10kHz；正向满量程为 15kHz；反向满量程为 5kHz；信号插座为①0V；② +15V；③ -15V；④空；⑤转矩信号。

5.3.3　气膜压力测试技术

压力的测量包括密封腔压力和密封端面膜压，本试验对密封端面膜压进行测量。用于干气密封端面流体膜压的测试传感器有压电式传感器、电容式传感器及电容式压力传感器。本试验采用中航公司生产的泄漏气压变速器 CS（3 套）和气膜压力传感器（3 套）匹配对端面气膜压力的测量。

在静环端面上开相隔 120°均匀的 3 个直径为 3.8mm 且沿静环端面不同半径位置的通孔，将传感器安装在通孔内，通过螺栓固定，将压力引至传感器内，进而对端面的流场压力进行测量。气膜压力传感器采用硅压阻效应，通过惠斯通电桥完成精密测量。

5.3.4　气膜厚度测试技术

气膜厚度测量实质上是位移和振幅测量[23]，但由于气膜极薄，测量难度较大，一般位移传感器难以对如此小的位移变化做出精确响应，国内、外的密封工作者多年来对此做了大量的尝试和研究。目前常用的测量方法有电容法和电涡流法。常用的位移传感器主要有电感式位移传感器、电涡流位移传感器、电容式位移传感器、光栅式位移传感器、激光位移传感器。

该试验选用 ST-GL 型电涡流传感器来测量两密封环端面的膜厚，电涡流传感器是以高频电涡流效应为原理的非接触式测量位移-振动传感器。该试验在静环端面相隔 120°径向相同的位置安装 3 个圆柱形探头，探头埋在静环端面内粘牢后，静环端面与探头端面一起研磨，使静环端面与探头端面平齐，每个探头作为平板电容器的一个极，动环接地形成电容器的另一个极，工作时两极间由气膜隔开，通过电子线路将电容量的变化转变为电压的变化，即可测出膜厚。

5.3.5　密封环轴向振动测试技术

设备振动测量有机械方法、光学方法和电测方法[24-26]，其中电测方法应用最广泛，常用的测振传感器如下。

（1）加速度传感器　也即压电式加速度计。压电加速度传感器是基于压电晶体的压电效应工作的，属于能量转换型传感器。压电晶体输出电荷与振动的加速度成正比。压电式加速度计无须外电源，灵敏度高而且稳定。

（2）速度传感器　也即惯性式磁电速度传感器。磁电速度传感器是基于磁电感应工作的，也属于能量转换型传感器。当传感器随被测系统振动时，传感器线圈与磁场之间产生相对运动，传感器内的磁钢随被测物体一起振动，与线圈发生相对运动，从而产生感应电动势，输出与速度成正比的电压。惯性式磁电速度传感器也不需要外电源。

（3）位移传感器　也即电涡流位移传感器。它基于金属体在交变磁场中的电涡流效应工作，属于能量控制型传感器。工作时，将传感器顶端与被测对象表面之间的距离变化转换成与之成正比的电信号。这种传感器不仅能测量一些旋转轴系的振动、轴向位移，还能测量转速。涡流位移传感器属于非接触式测量，但需要外电源。

针对本试验测量的条件，须采用了高灵敏度传感器。采用北京桑拓公司生产的改进型电涡流位移传感器 ST-2（共 3 套）对轴的轴向（1 套）、径向（2 套）进行测定。静环振动量测量：使传感器安装固定于端盖内部，使其测量端面靠近静环背侧微尺度的一段距离。动环振动量测量：因轴与动环通过轴套相互固定，所以通过测量轴的轴向振动量，就可得动环的轴向振动量，在轴的端面中心处距离在微米级的范围内安装传感器。

ST-2 型传感器的选择十分灵活，用户可根据使用需要选用不同的探头体长度、形状、灵敏度、线性范围和多种前置器的输出方式（DCV/DCV、DCV/DCA、DC/DCV、DC/DCI）及不同长度、不同粗细的固定电缆和延长电缆（指的是传感器到前置器间的电缆），便于探头的安装和使用。ST-2 型传感器系列可根据使用的具体情况制作出通用型传感器、扩大量程传感器、屏蔽传感器、异型传感器和针对测量微小位移而特殊制作的高灵敏度传感器等系列产品，满足不同科研生产需要。电涡流位移传感器用途非常广泛，可用于测量汽轮发电机的振动、位移和机壳与转子间的胀差，并通过电压变换器与计算机或接口相连进行旋转机械监测；可用于蒸汽机、燃气机、压缩机、涡轮机械、发电机组、各种离心机械、往复式运动机械的振动量和位移磨损量的测量。此外，还被广泛应用于能源、化工、医学、汽车、冶金、机械制造、军工、科研教学等诸多领域。

5.3.6 气膜轴向刚度测试技术

气膜刚度是指气膜的推力与气膜厚度或位移的比值，因而气膜刚度的测定可通过分别测量气膜压力和气膜位移而得到。

（1）端面气膜压力的测试技术　Mayer E 较早对机械密封端面间的流体膜压进行了测量尝试，他通过在静环上开相隔 90°的 3 个直径为 2 mm 的通孔将流体引至压力传感器，对端面膜压进行了测量[14]。

宋鹏云、G F Bremner、V A Zikeev、张继革等也采用开测压孔的方法，对端面膜压进行了测量。用开测压孔的方法测量膜压时，由于测压孔的存在会使开孔部位的液膜流场发生改变，从而在测量结果中引入了误差[27,29]。

I J Billington 用不同直径测压孔进行比较，得到的结论是：对于层流流动，开孔尺寸的影响可以忽略；而对于紊流流动，影响则相当显著。

张家犀等将 3 个微型压阻式传感器沿静环周向均布安装于 3 处不同的径向位置，对端面膜压进行了测试[30]。

J Digard 在静环上设置一直径为 1.6mm 的微型传感器，以测试端面膜压，静环及其支承可相对于动环作径向移动，以便测试沿径向宽度的膜压分布[31]。

用于密封端面流体膜压的测试，还有压电式传感器、压阻式传感器及电容式压力传感器。上述各种膜压的测试方法都取得了一定结果，但还存在不少问题，研究工作还有待于进一步深入。

本试验装置采用 1 个微型压阻式传感器布置于静环直径 166.5mm 处，其位置对应于动环螺旋槽根径，对端面膜压最大值进行了测试。通过进出口压力和最大压力的三点数值拟合抛物线曲线，求出抛物线曲线压力方程，再积分求出气膜推力。

（2）端面流体膜厚的测试技术　流体膜厚测量实质上是位移和振幅测量，但由于流体膜极薄，测量难度较大，一般位移传感器难以对如此小的位移变化做出精确响应，国内外的密封工作者多年来对此做了大量的尝试和研究。常用的位移传感器主要有电感式位移传感器、电涡流位移传感器、电容式位移传感器、光栅式位移传感器、激光位移传感器。

目前常用的测量方法有电容法和电涡流法。

B A Batch 应用电容法进行膜厚测量[32]，在静环端面相距 120°安装了 3 个圆柱形探头，探头埋在静环中粘牢后，静环端面与探头一起研磨平齐，每个探头作为平板电容器的一个极，动环接地形成电容器的另一个极，工作时两极间由气膜隔开，通过电子线路将电容量的变化转变为电压的变化，即可测出膜厚；J Carl 在密封环端面上安装了 5 个探头，其中 3 个测量环向间隙，另 2 个测量径向间隙，从而可同时测出平均膜厚和膜厚的波动[33]；J Digard 在其试验装置中也采用了电容法测量端面流体膜厚[34]。李宝彦等采用电容法测量膜厚[22]，动环采用了集流环方式，以消除轴承中流体膜变化带来的影响，同时测量了动态下寄生电容和介质的介电常数，并对测量结果进行了修正，从而提高了精确度和可信度[35]。

电涡流法采用的是一种电感传感器——电涡流传感器。电涡流传感器是一种能将机械位移、振幅等参量转换成电信号输出的非电量电测装置。它由探头、变换器、连接电缆及被测导体组成，既可用于静态测量也可用于动态测量，是一种能实现非接触测量的有效工具。电涡流法具有线性范围大、灵敏度高、动态响应好、结构简单、尺寸小、可实现非接触测量等优点，特别是传感器不受其湍流体的影响，比较适合密封端面流体膜厚的测量。目前，国内外采用电涡流法测量密封端面膜厚的试验装置较多。顾永泉、胡丹梅和 Min Zou 等均采用电涡流法对密封端面流体膜厚进行了测量，并取得了较好的效果[36,39]。

W B Anderson 于 2001 年将超声检测技术用于机械密封端面接触状态研究中，在多种工况下，对超声波的变化进行了分组试验，并取得了满意的试验结果[40]。目前，利用声波技术对机械密封端面接触情况进行检测尚处于起步阶段，实用型检测还需大量的试验研究。

本试验采用了 ST-2 型电涡流位移传感器。电涡流位移传感器是一种常用的非接触式位移传感器，采用的是感应电涡流原理。其工作过程为：当被测金属与探头之间距离发生变化时，探头中线圈的电感量也发生变化，从而引起振荡器的振荡电压幅度变化。这个随距离变化的振荡电压经测振仪检波、滤波和线性校正后变成了与位移成正比的电压量。

将 3 个传感器均匀安装在静环端面上（图 5-13），在静环端面直径 167mm 处打通孔，将传感器镶嵌在静环内（螺纹连接），然后和静环一起研磨加工表面，这样基本上不会破坏流体的动压效应。

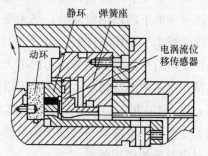

图 5-13　电涡流传感器安装示意

本试验装置采用测振仪可测出试验过程中的振动量，测振仪是用来直接指示位移、速度、加速度等振动量的峰值、峰-峰值、平均值或均方值的仪器。这一类仪器一般包括微积分电路、放大器、检波器和表头。它能使人们获得振动的总强度（振级）的信息，而不能获得振动频率等其他方面的信息。测振仪型号为 DZ-2，测量范围为 0.001～30mm，精度为 5%。

5.4　特性参数的测定结果与分析

5.4.1　泄漏量试验值与理论值的比较分析

1. 无变形的理论泄漏量与实测泄漏量的比较分析

不同介质压力（$p_o = 1.0 \sim 5.0\text{MPa}$）下，转速 $n_r = 10747\text{r/min}$ 时，分别对该样机的泄漏量进行了测试。同时，由气膜厚度的最小值为 $h_{\min} = 1 \sim 7\mu\text{m}$ 条件下，利用 Maple 程序，计算了公式，获得了无变形下的理论泄漏量。进而，计算了实测泄漏量与无变形理论泄漏量之间的相对误差，见表 5-1。由表 5-1 可知，在转速一定的情况下，随着压力的增大，泄漏量也随之增大。无变形的理论泄漏量与实测泄漏量之间的最大相对误差为 54.13%，最小相对误差为 35.97%，由此可见，两者的相对误差较大，误差也许是由于未考虑密封腔内的热作用及外力对密封环的作用等因素导致的。

表 5-1　不同压力下无变形泄漏量与实测泄漏量比较

压力/MPa	实测泄漏量/(m^3/h)	无变形理论泄漏量/(m^3/h)	相对误差
1.0	0.2845	0.1305	54.13%
2.0	0.3258	0.1701	47.79%
3.0	0.3614	0.2173	39.87%
4.0	0.4069	0.2489	38.83%
5.0	0.4456	0.2853	35.97%

2. 热弹变形后的理论泄漏量与实测泄漏量的比较分析

由于无变形的理论泄漏量与实测泄漏量之间的相对误差较大，根据第 3 章计算的热弹变形下的理论泄漏量，将无变形的理论泄漏量、热弹变形下的理论泄漏量、实测泄漏量三者相互比较，见表 5-2。由表 5-2 可知，在转速一定的情况下，考虑热弹变形后的泄漏量随着压力的增大而增大。考虑热弹变形后，密封装置的理论泄漏量比实测泄漏量略小；热弹变形后的理论泄漏量与实测泄漏量之间的相对误差的最大值为 10.86%，相对误差最小值为 7.94%。由此可见，这两者的相对误差较之前无变形理论泄漏量与实测泄漏量的误差小很多。但是，整个计算过程尚未考虑外力对密封环的作用效果。

表 5-2　不同压力下热弹变形理论泄漏量与实测泄漏量比较

压力/MPa	实测泄漏量/(m^3/h)	热弹变形的理论泄漏量/(m^3/h)	相对误差
1.0	0.2845	0.2542	10.65%
2.0	0.3258	0.2960	9.15%

（续）

压力/MPa	实测泄漏量/（m³/h）	热弹变形的理论泄漏量/（m³/h）	相对误差
3.0	0.3614	0.3301	8.66%
4.0	0.4069	0.3627	10.86%
5.0	0.4456	0.4102	7.94%

3. 力变形后的理论泄漏量与实测泄漏量的比较分析

由试验的对比结果可知，尚未考虑外力作用于密封环时对泄漏量的影响。故在第 4 章中，仅考虑力变形对密封环的作用，进而对力变形后的干气密封内的流场流动特性进行了分析。将仅考虑力变形后的理论泄漏量与实测泄漏量之间做对比，见表 5-3。由表 5-3 可知，螺旋槽干气密封内，仅力变形后的理论泄漏量比实测泄漏量稍大，力变形的理论泄漏量与实测泄漏量之间的相对误差的最大值为 4.01%，相对误差最小值为 2.40%。此变形的相对误差虽然较仅考虑热弹变形时的相对误差略小，但是其数值比实测泄漏量还大，与实际情况有一定的偏差。因此，考虑热与外力耦合变形对密封环泄漏量与实测泄漏量的对比十分必要。

表 5-3　不同压力时力变形后的理论泄漏量与实测泄漏量比较

压力/MPa	实测泄漏量/（m³/h）	力变形的理论泄漏量/（m³/h）	相对误差
1.0	0.2845	0.2959	4.01%
2.0	0.3258	0.3369	3.41%
3.0	0.3614	0.3727	3.13%
4.0	0.4069	0.4185	2.85%
5.0	0.4456	0.4563	2.40%

4. 热力耦合变形后的理论泄漏量与实测泄漏量的比较分析

在同时考虑了热与力的耦合变形时，对螺旋槽干气密封内的流场的流动特性进行了分析计算。进而，获得了不同压力下的热力耦合变形后的理论泄漏量，现将热力耦合变形后的理论泄漏量与实测泄漏量比较，见表 5-4。由表 5-4 可知，在螺旋槽干气密封内，考虑热力耦合变形后的理论泄漏量略小于力变形后的理论泄漏量，比热弹变形后的理论泄漏量略大，与实测泄漏量接近，且相对误差相差不大。热力耦合变形后理论泄漏量与实测泄漏量两者之间的相对误差的最大值为 2.71%，相对误差的最小值为 1.86%。

表 5-4　不同压力时热力耦合变形后的理论泄漏量与实测泄漏量比较

压力/MPa	实测泄漏量/（m³/h）	热力耦合变形的理论泄漏量/（m³/h）	相对误差
1.0	0.2845	0.2768	2.71%
2.0	0.3258	0.3179	2.42%
3.0	0.3614	0.3525	2.46%
4.0	0.4069	0.3984	2.09%
5.0	0.4456	0.4373	1.86%

5.4.2　功耗试验值与理论值的比较

功耗 P 测定通过转矩的测定而间接获得，可通过测得实测转矩和空载时候的转矩即可得到端面摩擦转矩 T，两者之间的关系为 $P = \dfrac{Tn_\mathrm{r}}{9.55}$。

在不同转速条件下，用空气作为工质其压力为 0.5MPa（表压），测出不同工作转速下的功耗见表 5-5。

表 5-5　不同工作转速下的功耗数值

转速/(r/min)	200	540	1000	1500	3000
实测转矩/N·mm	0.25	0.24	0.26	0.26	0.24
实测功率/W	5.2	13.6	27.2	40.8	75.4
理论功率/W	4.1	12.1	23.5	35.4	71.2
相对误差	21.2%	11%	13.6%	13.2%	5.6%

为了更清楚地表示功耗与转速间的关系，将理论功耗曲线与实测功耗曲线用图 5-14 表示。从图 5-14 中可看出，随转速增大功耗增大，实际测试值大于理论计算值，最大相对误差为21.2%。其主要原因为由于正常运行时与空载运行时的工况并不相同，致使功率之差在低转速时与理论结果出现较大的偏差。

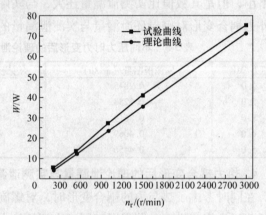

图 5-14　功耗随转速变化曲线

5.4.3　密封环轴向振动位移测试分析

通过改变不同压力和转速测量出密封环的时域波形图，研究压力和转速对振幅的影响，并对测量出的时域波形用基于 LabVIEW 软件开发的数据后处理系统对采集到的数据进行频谱分析。

1. 静环振动测试分析

不同转速和不同压力下静环振动波形图及频谱分析图如图 5-15 所示，静环位移量随压力和转速变化的曲线如图 5-16 所示。由图 5-15、图 5-16 可知，静环振动波形为正弦波，振动频率为工频；当 $p = 0.4\mathrm{MPa}$，$n = 1500\mathrm{r/min}$ 时，其振幅约为40μm；当压力一定时，静环振动位移量随着转速的增加明显减小；当转速一定时，

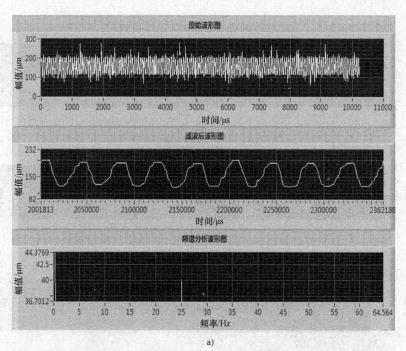

a)

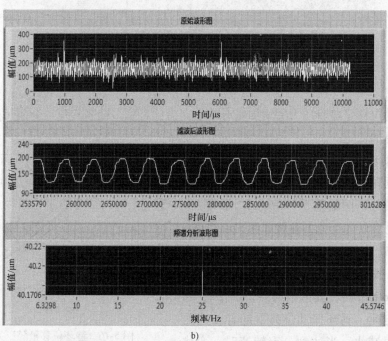

b)

图 5-15　静环振动波形图及频谱分析图

a) $n = 1500 \text{r/min}$, $p = 0.3 \text{MPa}$　b) $n = 1500 \text{r/min}$, $p = 0.4 \text{MPa}$

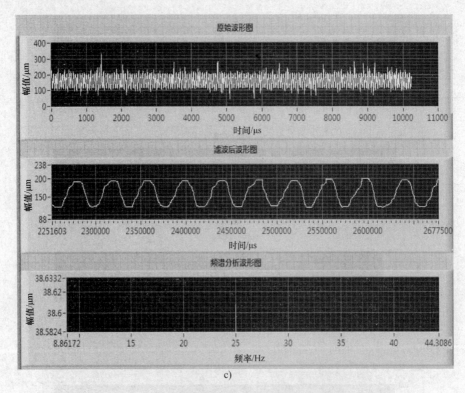

c)

图 5-15 静环振动波形图及频谱分析图（续）

c) $n = 1500\mathrm{r/min}$，$p = 0.5\mathrm{MPa}$

静环振动位移量随着压力的增加略有减小。由此可见，提高转速与介质压力将使静环运行更加稳定。

2. 动环振动测试分析

不同转速和不同压力下动环振动波形图及频谱分析图如图 5-17 所示，动环位移量随压力和转速变化的曲线如图 5-18 所示。由图 5-17、图 5-18 可知，动环振动波形为正弦波，振动频率为工频；当 $p = 0.4\mathrm{MPa}$，$n = 1500\mathrm{r/min}$ 时，其振幅约为 $2.64\mu\mathrm{m}$；当压力一定时，动环振动位移量随着转速的增加明显减小，当达到一定转速时，变化量趋于平衡；当转速一定时，动环振动位移量随着压力的增加略有减小，随着转速的增加，变化量也逐渐减小。

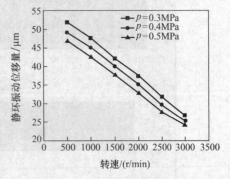

图 5-16 静环位移量随压力和转速变化曲线

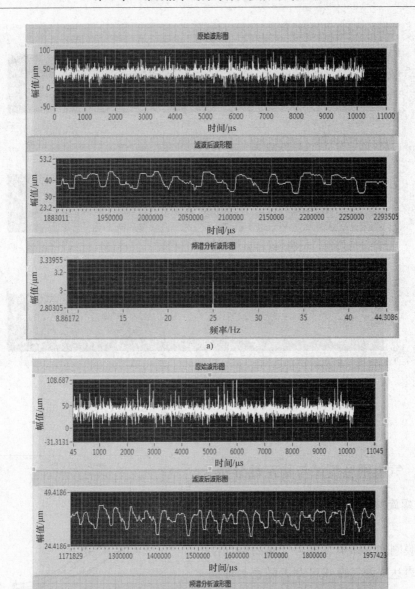

图 5-17　动环振动波形图及频谱分析图

a) $n = 1500\text{r/min}$, $p = 0.3\text{MPa}$　b) $n = 1500\text{r/min}$, $p = 0.4\text{MPa}$

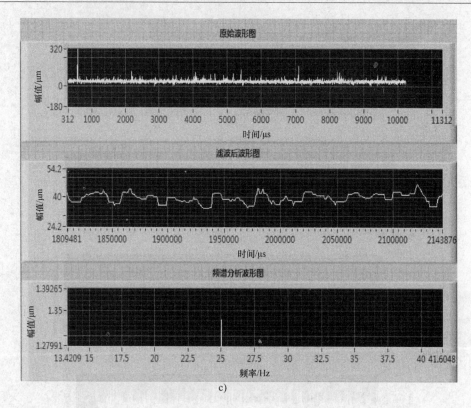

c)

图 5-17　动环振动波形图及频谱分析图（续）

c）$n = 1500\text{r/min}$, $p = 0.5\text{MPa}$

5.4.4　气膜刚度测试与稳定性分析

1. 螺旋槽干气密封气膜刚度的数学模型

气膜刚度，即干气密封气膜的轴向刚度，其表达式为气膜开启力 F 随密封环间隙 δ 变化曲线的斜率，即

$$K_g = \frac{\mathrm{d}F}{\mathrm{d}\delta} \qquad (5\text{-}1)$$

根据式（5-1）得到二阶非线性滑移边界条件下气膜刚度函数表达式：

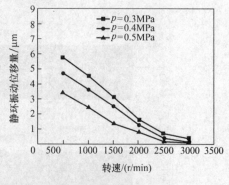

图 5-18　动环位移量随压力
和转速变化的曲线

$$K_g = \frac{E p_i \pi (r_o^2 - r_i^2) \left[(\eta_{1,\zeta} \cos\omega \cos\phi \varepsilon_z + \eta_{2,\zeta} \sin\omega \cos\omega \varepsilon_z) - (\eta_{1,\zeta} \cos\omega + \eta_{2,\zeta} \sin\omega + \cos\omega) \right]}{(\delta + E)^2 \left(1 - \varepsilon_z \cos\phi - \dfrac{E\cos\omega}{\delta + E} \right)^2}$$

$$+3\pi(r_o^2 - r_i^2)p_i\beta_0\eta_{2,\zeta}(\zeta_0 - \zeta)E^2(\delta + E)^{-3} \qquad (5-2)$$

2. 气膜刚度测试方法

气膜刚度是气膜推力变化量与气膜振动位移变化量的比值,即

$$K_g = \frac{\Delta F}{\Delta\delta} = \frac{K_s\Delta x}{\Delta\delta} \qquad (5-3)$$

式中:K_g 为气膜刚度;K_s 为弹簧刚度;Δx 为弹簧轴向振动位移变化量,即静环轴向振动位移的测试值;$\Delta\delta$ 为气膜轴向振动位移变化量;ΔF 为弹簧弹力的变化量,即端面气膜压力变化量。在本试验中,干气密封测试系统选用刚度 $K_s = 50\text{N/mm}$ 的弹簧。

3. 相同转速不同介质压力下气膜刚度理论值的计算

工况:选取 $n_r = 2000\text{r/min}$,介质压力范围为 $0.2 \sim 0.6\text{MPa}$,用 MAPLE 软件求解式(5-2)得到气膜刚度 K_g、密封环间隙 δ 和介质压力 p_o 间的三维关系图,如图 5-19 所示。从图 5-19 中可以看出,随着密封环间隙的增加,气膜刚度随之减小;随着介质压力的增加,气膜刚度也随之增加,且呈现线性关系。根据图 5-19 所示可知,当压力 p 分别为 0.2MPa、0.3MPa、0.4MPa、0.5MPa 时,气膜刚度分别为 $0.011\text{kN/}\mu\text{m}$、$0.015\text{kN/}\mu\text{m}$、$0.020\text{kN/}\mu\text{m}$、$0.025\text{kN/}\mu\text{m}$。可见,气膜刚度随着气膜压力的增大而增大。

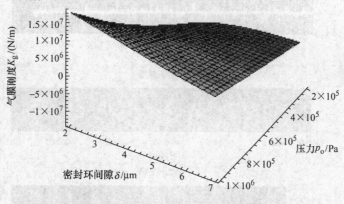

图 5-19 当 $n_r = 2000\text{r/min}$ 时气膜刚度、
密封环间隙和介质压力间三维关系图

4. 相同转速不同介质压力下实测气膜刚度值

选取转速 $n_r = 2000\text{r/min}$ 时,介质压力分别为 0.2MPa、0.3MPa、0.4MPa、0.5MPa。此工况下的气膜振动波形图和频谱分析和静环振动波形图和频谱分析如图 5-20 和图 5-21 所示。由图 5-20 可知,当压力 p 分别为 0.2MPa、0.3MPa、0.4MPa、

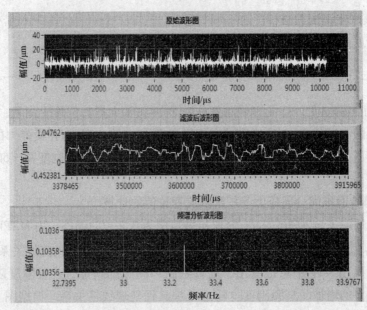

a)

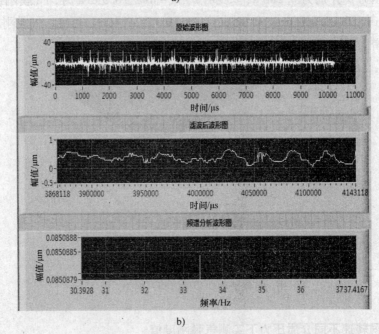

b)

图 5-20　气膜振动波形图和频谱分析图（ $n_r = 2000\text{r/min}$ ）

a) $p = 0.2\text{MPa}$　b) $p = 0.3\text{MPa}$

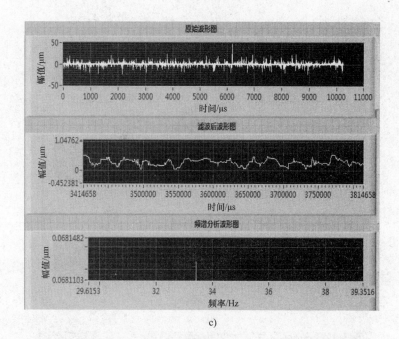

c)

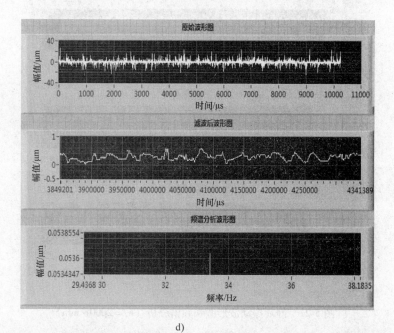

d)

图 5-20   气膜振动波形图和频谱分析图（$n_r = 2000\text{r/min}$）（续）

c) $p = 0.4\text{MPa}$ d) $p = 0.5\text{MPa}$

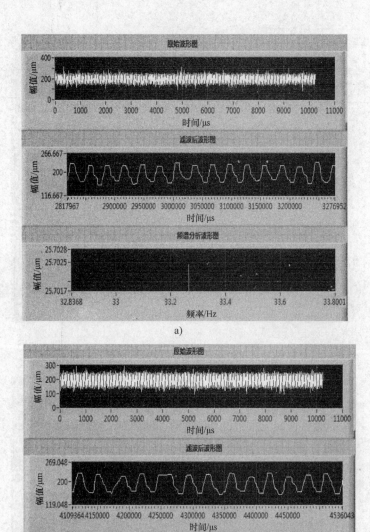

图 5-21　静环振动波形图和频谱分析（$n_r = 2000\mathrm{r/min}$）

a）$p = 0.2\mathrm{MPa}$　b）$p = 0.3\mathrm{MPa}$

0.5MPa下测试系统的整体振幅为 0.76μm、0.76μm、0.68μm、0.69μm 和
0.7211μm. 测试介质压力为 0.2MPa、0.3MPa、0.4MPa、0.5MPa 时,测得的
频谱分析下的整体振幅分别为 ……测试介质压力下所对应的介质入口及出
口……

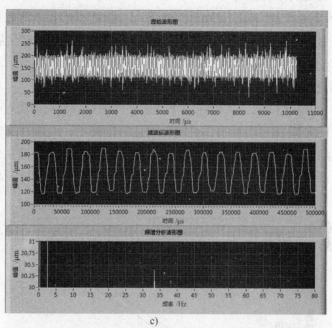

c)

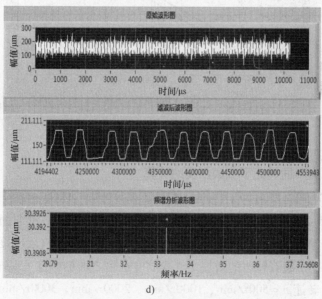

d)

图 5-21　静环振动波形图和频谱分析（$n_r = 2000\text{r/min}$）（续）

c）$p = 0.4\text{MPa}$　d）$p = 0.5\text{MPa}$

0.5MPa 时，气膜振动位移分别为 0.104μm、0.085μm、0.068μm、0.054μm。由图 5-21 可知，当压力 p 分别为 0.2MPa、0.3MPa、0.4MPa、0.5MPa 时，静环振动位移分别为 25.7μm、28.1μm、29μm、30.4μm。将测得的相关的数据代入式（5-3），可得当压力 p 分别为 0.2MPa、0.3MPa、0.4MPa、0.5MPa 时气膜刚度分别为 0.0124kN/μm、0.0165kN/μm、0.0213kN/μm、0.0279kN/μm。

5. 相同转速不同介质压力下气膜刚度的分析

对 3. 和 4. 中的相同转速不同压力下气膜刚度理论值和实测值进行比较，如图 5-22 所示。从图 5-22 中可以看出，在转速一定的情况下，随着介质压力的增大气膜刚度也随之增大，最大相对误差在 $p_o = 0.2\text{MPa}$ 处为 10.5%，这是由于计算误差和试验中干扰误差所造成的，从而验证了本文理论和相关 MAPLE 程序的准确性，为优化槽型结构参数提供理论基础。

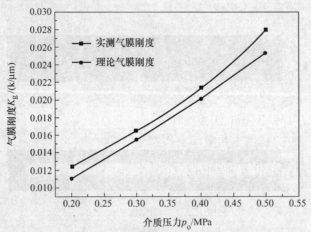

图 5-22　当 $n_r = 2000\text{r/min}$ 时不同压力
下气膜刚度理论值和实测值变化曲线

6. 相同压力不同转速下气膜刚度的计算

工况：取介质压力 $p_o = 0.4\text{MPa}$，转速范围为 500 ~ 3000r/min 时，运用 MAPLE 软件求解式（5-2）得到气膜刚度、密封环间隙和转速间的三维曲面关系，如图 5-23 所示。从图 5-23 中可以看出，随着密封环间隙的增加，气膜刚度随之减小，且呈现非线性关系；随着转速的增加，气膜刚度也随之增加，且呈现线性关系。根据图 5-23 可知，转速 $n = 500\text{r/min}$、1000r/min、2000r/min、3000r/min 时，气膜刚度分别为 0.012kN/μm、0.014kN/μm、0.020kN/μm、0.024kN/μm。

7. 相同压力不同转速下实测气膜刚度值

选取转速分别为 500r/min、1000r/min、2000r/min、3000r/min。此工况下的气

膜振动波形图和频谱分析图和静环振动波形图和频谱分析图如图 5-24 和图 5-25 所示。由图 5-24 可知，当压力 $p = 0.4\text{MPa}$，转速 $n_r = 500\text{r/min}$、1000r/min、2000r/min、3000r/min 时气膜振动位移变化量分别为 $0.113\mu\text{m}$、$0.094\mu\text{m}$、$0.068\mu\text{m}$、$0.057\mu\text{m}$。

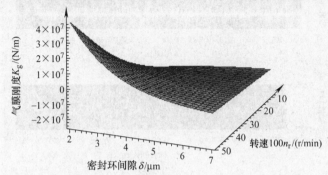

图 5-23　当 $p_0 = 0.4\text{MPa}$ 时气膜刚度、密封环间隙和转速间的三维曲面关系

由图 5-25 可知，当转速 $n_r = 500\text{r/min}$、1000r/min、2000r/min、3000r/min 时静环振动位移变化量分别为 $30.3\mu\text{m}$、$28.8\mu\text{m}$、$29\mu\text{m}$、$28.3\mu\text{m}$。将相关的数据代入式（5-3），可得：转速 $n_r = 500\text{r/min}$、1000r/min、2000r/min、3000r/min 时气膜刚度分别为 $0.0134\text{kN}/\mu\text{m}$、$0.0153\text{kN}/\mu\text{m}$、$0.0213\text{kN}/\mu\text{m}$、$0.0248\text{kN}/\mu\text{m}$。

8. 相同压力不同转速下气膜刚度理论值和试验值的分析

对 6. 和 7. 中的相同压力不同转速下气膜刚度理论值和实测值进行比较，如图 5-26 所示。从图 5-26 中可以看出，在介质压力一定的情况下，随着转速的增大气膜刚度的理论值和试验值都也随之增大，且理论值和试验值的最大相对误差在 $n_r = 500\text{r/min}$ 处为 9.7%，理论值和试验值的误差是由于计算误差和试验中干扰误差所造成的，从而表明螺旋槽干气密封的气膜刚度的数学模型和相关的 Maple 计算程序的正确性。

9. 不同螺旋槽结构参数对气膜刚度的影响及分析

取样机动环结构参数：螺旋角范围为 73°~77°，槽深比范围为 0.1~1。根据验证过数学模型气膜刚度函数表达式（5-2）和相关 Maple 计算编程不同的螺旋槽结构参数的气膜刚度的影响进行了计算，得到了在特定工况下的气膜刚度、槽深比和螺旋角之间的三维关系图如图 5-27 所示。由图 5-27 分析表明气膜刚度对螺旋角的变化较敏感，因此可以通过优化螺旋角来得到最大气膜刚度；槽深比在范围 0.1~0.7 内对气膜刚度的影响较迟钝，随槽深比的增大气膜刚度越大，因此在条件允许的情况下可以适当地选择较大的槽深比。这些结论为优化槽型结构参数提供理论基础。

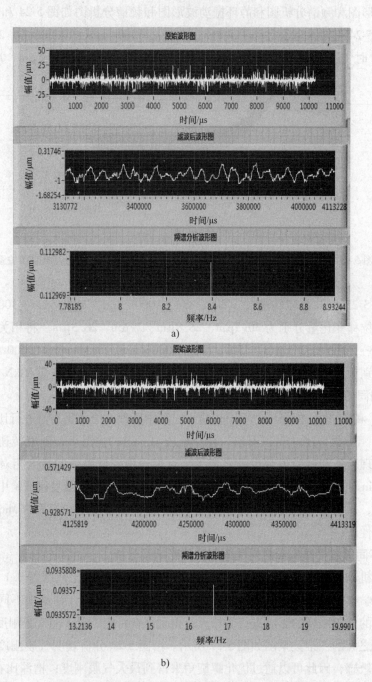

图 5-24 气膜振动波形图和频谱分析图（$p=0.4$MPa）

a）$n_r=500$r/min b）$n_r=1000$r/min

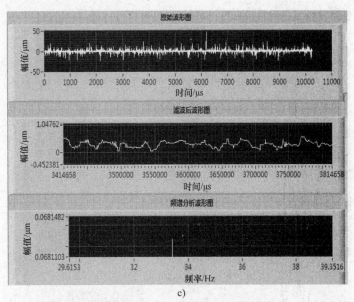

c)

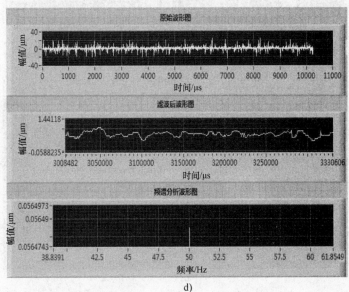

d)

图 5-24　气膜振动波形图和频谱分析图（$p = 0.4$MPa）（续）

c) $n_r = 2000$r/min　　d) $n_r = 3000$r/min

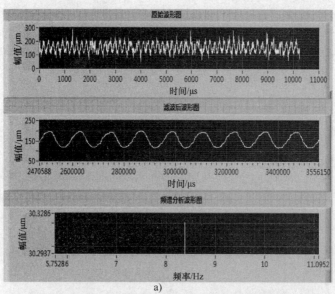

a)

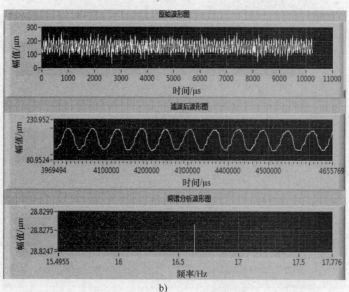

b)

图 5-25　静环振动波形图和频谱分析图 $(p = 0.4\mathrm{MPa})$

a) $n_r = 500\mathrm{r/min}$　b) $n_r = 1000\mathrm{r/min}$

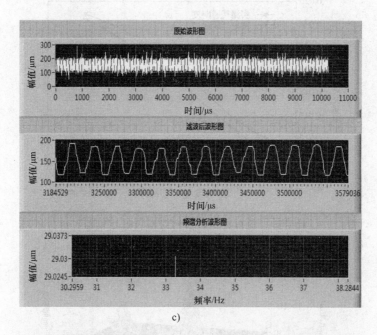

c)

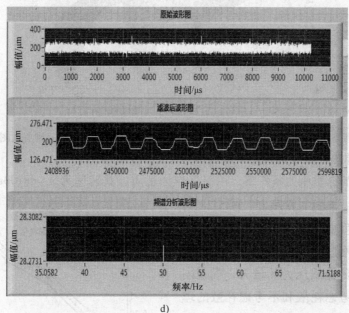

d)

图 5-25　静环振动波形图和频谱分析图（$p = 0.4\mathrm{MPa}$）（续）

c）$n_r = 2000\mathrm{r/min}$　d）$n_r = 3000\mathrm{r/min}$

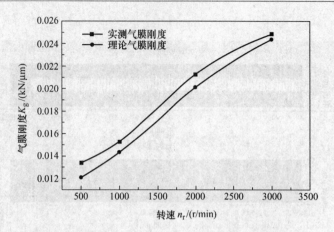

图 5-26　当 $p_o = 0.4\text{MPa}$ 时不同转速下气膜刚
度理论值和实测值变化曲线

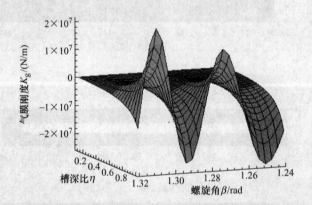

图 5-27　特定工况下的气膜刚度、槽深比和螺旋角之间的三维关系图

10. 考虑热耗散下的理论气膜刚度与实测值的比较分析

在不同的介质压力条件下，用氮气作为工质，其转速为 $n_r = 8700\text{r/min}$，测出
不同工作压力下的气膜刚度。图 5-28 为
实测气膜刚度曲线、考虑耗散和不考虑
耗散的气膜刚度曲线的比较。从图 5-28
可以看出，随介质压力的增大，气膜刚
度也增大，考虑耗散和不考虑耗散的理
论计算值均大于实际测量值；考虑耗散
的理论计算值比不考虑耗散的理论计算
值更加接近于实际测量值；与实测值相
比，两者在 0.5MPa 处最大相对误差分

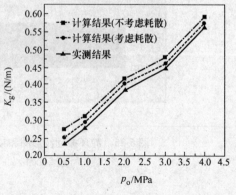

图 5-28　气膜刚度随介质压力的变化曲线

别为 9. 6%、18. 3%，低压力下的气膜刚度相对误差大，高压力下的气膜刚度相对误差小。其主要原因为：低压力时动压效果差，使得气膜厚度较薄，其气膜剪切率较高；考虑耗散时的温度变化不可忽略，因而考虑耗散的理论计算值更符合实际运行工况。

参 考 文 献

［1］ Fichbach M J. Dry seal applications in centrifugal compressors ［J］. Hydrocarbon Processing, 1989, 68 (10)：47-51.

［2］ Faria M T. An efficient finite element procedure for analysis of high-speed spiral groove gas face seals ［J］. Journal of Tribology, 2001 (123)：205-210.

［3］ Muijderman E A. Analysis of spiral groove face seals for liquid oxygen ［J］. ASLE Transaction, 1967, 23 (3)：177-188.

［4］ Elord H G, Adams M L. A computer program for cavitations and starvation problems ［C］// ［缺文集作者项］ Cavitations and Related Phenomena in Lubrication. August, 1974. NewYork：Mechanical Engineering Publications, 1974：33-41.

［5］ 蒋小文. 螺旋槽干气密封数值模拟及其槽形参数优化 ［D］. 南京：南京工业大学, 2004.

［6］ 王和顺，陈次昌，王金诺. 干气密封端面流场的数值模拟 ［J］. 西南交通大学学报, 2007, 42 (5)：568-573.

［7］ Gabriel R P. Fundamentals of spiral groove non-contacting face seals ［J］. Lubrication Engineering, 1994, 50 (3)：215-224.

［8］ Etsion I. Experimental observation of the dynamic behavior of noncontacting coned-face mechanical seals ［J］. ASLE Transaction. , 1984, 27 (3)：263-270.

［9］ Kollinger R. Theoretical and experimental investigation into the running characteristics of gas-lubricated mechanical seals ［C］// ［缺文集作者项］. 12th Intl. Conf. on Fluid Scaling, 1989, Brighton, 1989：307-322.

［10］ 徐万孚，刘雨川，李广宇，等. 螺旋槽干运行非接触气体密封的理论分析与试验 ［J］. 机械工程学报, 2003, 39 (4)：124-127.

［11］ 陈铭，张秋翔，蔡纪宁，等. 气体端面密封试验设备 ［J］. 流体机械, 2005, 33 (2)：14-16.

［12］ 俞树荣，曹兴岩，丁雪兴等. 螺旋槽干气密封性能参数的测试技术及试验研究 ［J］. 机械工程学报, 2012, 48 (19)：116-121.

［13］ 岑汉钊. 化工机械测试技术 ［M］. 北京：化学工业出版社, 1999.

［14］ 张发启. 现代测试技术及应用 ［M］. 西安：西安电子科技大学出版社, 2005.

［15］ 汉泽西. 现代测试技术 ［M］. 北京：机械工业出版社, 2006.

［16］ 魏龙，顾伯勤，孙见君. 机械密封性能参数的测量技术［J］. 流体机械，2003，31（3）：21-23.

［17］ Mayer E. 机械密封［M］. 姚兆生，译. 北京：化学工业出版社，1981.

［18］ 宋鹏云，陈匡民，董宗玉，等. "零压差零泄漏"液体润滑螺旋槽机械密封性能的实验研究［J］. 流体机械，2000，28（7）：11-13.

［19］ 丁雪兴，陈德林，张伟政，等. 螺旋槽干气密封微尺度流动场的近似计算及其参数优化［J］. 应用力学学报，2007，24（3）：425-428.

［20］ 丁雪兴，蒲军军，韩明君，等. 基于二阶滑移边界的螺旋槽干气密封气膜刚度计算与分析［J］. 机械工程学报，2011，47（23）：119-124.

［21］ 张靖周，常海萍. 传热学［M］. 北京：科学出版社，2009：97-100.

［22］ 顾永泉. 机械密封实用技术［M］. 北京：机械工业出版社，2002：141-145.

［23］ 李宝彦，李云鹏，张建中. 机械密封端面流体膜压膜厚的测量［J］. 大庆石油学院学报，1990，14（4）：50-54.

［24］ 苏虹，丁雪兴，张海舟，等. 力变形下螺旋槽干气密封气膜流场近似计算及分析［J］. 工程力学，2013，30（增刊）：279-283.

［25］ 李东阳，李纪云，白少先，等. 干式气体端面密封的研究现状［J］. 润滑与密封，2009，34（8）：105-110.

［26］ 宋鹏云，陈匡民，董宗玉，等. "零压差零泄漏"液体润滑螺旋槽机械密封性能的实验研究［J］. 流体机械，2000，28（7）：11-13.

［27］ 李宝彦，李云鹏，张建中. 机械密封端面流体膜压膜厚的测量［J］. 大庆石油学院学报，1990，14（4）：50-54.

［28］ 张继革，段慧玲，彭慧芬. 抽空状态下机械密封端面状况的实验研究［J］. 石油机械，1999，27（11）：20-22.

［29］ 张家犀，左孝桐. 机械密封端面膜压的试验研究［J］. 流体工程，1988，16（2）：5-12.

［30］ Digard J, Gentile M. 低压机械密封润滑状况的试验研究［C］//［缺文集作者项］. 国际流体密封会议文集. 北京：机械工业出版社，1991：112-117.

［31］ Batch B A, Iny E H. Pressure Generation in Radial-face Seal［C］//［缺文集作者项］. Proc 2nd ICFS,［缺出版者项］, 1964：F4.

［32］ Carl J, Bliem J R. Development of Pressure Measurement System for Expermiental Mechanical Face Seal Facility［C］//［缺作者项］. AD-A010529,［缺出版者项］. 1973.

［33］ 顾永泉，马久波. 机械密封端面流体膜厚的测试技术［J］. 流体工程，1985，13（4）：14-17.

［34］ 胡丹梅，彭旭东，郝木明，等. 直线槽气体端面密封流体膜厚的测量［J］. 润滑与密封，2005（2）：139-142.

［35］ Min Zou, Green I. Clearance Control of a Mechanical Face Seal［J］. Tribology Transactions, 1999, 42（3）：535-540.

[36] Green I, Roger M. A simultaneous numerical solution for the lubrication and dynamic stability of noncontacting gas face seals [J]. ASME J. Tribol, 2001, 123 (4) : 388-394.

[37] Zhang H J, Miller B A, Landers R G. Nonlinear modeling of mechanical gas face seal systems using proper orthogonal decomposition [J]. ASME J. Tribol, 2006, 128 (10) : 817-827.

[38] 丁雪兴, 蒲军军, 韩明君, 等. 基于二阶滑移边界的螺旋槽干气密封气膜刚度计算与分析 [J]. 机械工程学报, 2011, 47 (23) : 119-124.

[39] W B Anderson. Development of Condition Monitoring System For Mechanical Seals [D]. Atlanta: Georgia Institute of Technology, 2001.